dir. beim Verlag O.K.

R. Rath · Grundlagen der allgemeinen Kristalldiagnose

Robert Rath

Theoretische Grundlagen der allgemeinen Kristalldiagnose im durchfallenden Licht

Mit 109 Abbildungen

Springer-Verlag Berlin · Heidelberg · New York 1969

Professor Dr. ROBERT RATH
Mineralogisch-Petrographisches
Institut der Universität Hamburg

Das Werk ist urheberrechtlich geschützt. Die dadurch begründeten Rechte, insbesondere die der Übersetzung, des Nachdruckes, der Entnahme von Abbildungen, der Funksendung, der Wiedergabe auf photomechanischem oder ähnlichem Wege und der Speicherung in Datenverarbeitungsanlagen bleiben, auch bei nur auszugsweiser Verwertung, vorbehalten.
Bei Vervielfältigungen für gewerbliche Zwecke ist gemäß §54 UrhG eine Vergütung an den Verlag zu zahlen, deren Höhe mit dem Verlag zu vereinbaren ist.
© by Springer-Verlag Berlin-Heidelberg 1969. Library of Congress Catalog Card Number 71–94155.
Printed in Germany.
Die Wiedergabe von Gebrauchsnamen, Handelsnamen, Warenbezeichnungen usw. in diesem Werk berechtigt auch ohne besondere Kennzeichnung nicht zu der Annahme, daß solche Namen im Sinne der Warenzeichen- und Markenschutz-Gesetzgebung als frei zu betrachten wären und daher von jedermann benutzt werden dürften. Titel Nr. 1618.

Vorwort

Nach SOMMERFELD ([1], S. V) war die Kristalloptik „ein Lieblingsgegenstand der Physik des vorigen Jahrhunderts". Zwei Standardwerke kennzeichnen den damaligen Wissensstand und zugleich die Stellung der Kristalldiagnose im durchfallenden Licht als in der Begründung mit der Physik und in der Anwendung mit der Mineralogie verhafteter Wissenschaft: das „Lehrbuch der Kristalloptik", das ein Physiker, POCKELS [2], sich an LIEBISCHS [3] „Physikalischer Krystallographie" orientierend, abfaßte und die „Untersuchungsmethoden", die ein Mineraloge, WÜLFING [4], als Grundlage der von ROSENBUSCH [5] redigierten „Mikroskopischen Physiographie der Mineralien und Gesteine" zusammenstellte.

Die Bedeutung des „POCKELS" zeigt sich darin, daß VOIGT [6] in den Titel seines „Lehrbuchs der Kristallphysik" den Vermerk „(mit Ausschluß der Kristalloptik)" aufnahm und dies im Vorwort (S. V) begründete. Der Ausschluß führte dazu, daß die „Kristalloptik" mittlerweile auch in Antiquariatsangeboten fehlt, während die „Kristallphysik" bereits zum zweiten Mal als Nachdruck zu haben ist.

In den rund 50 Jahren, die seit der Herausgabe der Bücher von POCKELS und WÜLFING vergingen, änderte sich manches in der Auswahl des Stoffes und in der Erklärung der Erscheinungen, ergab sich auch Neues, so daß, die bewährte Teilung fortsetzend, zwei moderne Bearbeitungen wünschenswert erscheinen. Die eine, praktisch ausgerichtete, besorgte BURRI [7]. Die andere, theoretisch akzentuierte so vorzunehmen, daß Schulkenntnisse in Mathematik genügen, wird hier versucht.

Daß die Durchlichtoptik einen solchen Aufschwung nahm, beruht in erster Linie auf der Herstellbarkeit von Dünnschliffen, 30μm (damit etwa haar-) dicker Plättchen des zu untersuchenden Objekts, die z.B. mit Kollolith zwischen einen Objektträger und ein Deckglas geklebt werden. Die geringe Dicke hat zur Folge, daß alle gesteinsbildenden Mineralien durchsichtig sind. Die konstante Dicke bietet den Vorteil, daß die optischen Effekte leichter als bei variabler Dicke übersehen werden können. Als Erfinder des Dünnschliffs gilt H. C. SORBY, brit. Naturwissenschaftler, * 1826 Woodburn bei Sheffield, † 1908 Bromfield bei Sheffield. Dieser Umstand legt zugleich die Vorwegnahme der einfacheren durchlichtoptischen Phänomene und die Nachbehandlung der schwierigeren durch- als auch auflichtoptischen Probleme nahe, die unter dem Titel „Theoretische Grundlagen der speziellen Kristalldiagnose" ebenfalls in diesem Verlag erscheinen werden.

Meinem Mitarbeiter Herrn Dr. POHL danke ich für seine Hilfe.

Hamburg, November 1969   ROBERT RATH

Inhaltsverzeichnis

1. **Eindimensionale Lichtausbreitung** 1
2. **Dreidimensionale Lichtausbreitung** 3
   - 2.1 Wellengleichung 4
   - 2.2 Optische Bezugsflächen 7
3. **Mikroskopische Messung der Brechung** 22
4. **Zusammensetzung von Planwellen** 36
5. **Intensität** 54
   - 5.1 Abhängigkeit der Intensität von der Phasendifferenz 55
   - 5.2 Abhängigkeit der Intensität von der Phasendifferenz und der Lage . 57
     - 5.2.1 Ein anisotropes Plättchen 57
     - 5.2.2 Zwei anisotrope Plättchen 64
6. **Mikroskopische Messung der Doppelbrechung** 69
   - 6.1 Berek-Kompensator 69
   - 6.2 Ehringhaus-Kompensator 72
   - 6.3 Elliptischer Kompensator 74
   - 6.4 Optische Aktivität (vor allem von Quarz) 75
     - 6.4.1 Indexflächengleichung bei optischer Aktivität 75
     - 6.4.2 Verhältnisse beim Quarz 76
7. **Formdoppelbrechung** 79
   - 7.1 Mathematische und physikalische Voraussetzungen 79
   - 7.2 Mittelwertsätze 80
   - 7.3 Vereinfachende Annahmen theoretischer Art 82
   - 7.4 Neuere Auffassung der Formdoppelbrechung 84
8. **Intensität im konvergenten Licht (Achsenbilder)** 87
   - 8.1 Anschauliche Ableitung der Isochromaten 88
   - 8.2 Anschauliche Ableitung der Hauptisogyren 95
   - 8.3 Realistische Darstellung der Achsenbilder 105
     - 8.3.1 Drehung der Schwingungsebene an brechenden Flächen . . 106
     - 8.3.2 Isotrope Kreuze 111
     - 8.3.3 Verbesserte Berechnung der Achsenbilder 113

9. **Mikroskopische Bestimmung des Charakters der Doppelbrechung.** 119

10. **Einfluß der Absorption** 125
    10.1 Indexfläche bei Absorption 125
        10.1.1 Polarisation der Materie 125
        10.1.2 Gedämpfte ebene Wellen 126
        10.1.3 Lösung der Maxwellschen Gleichungen durch ebene Wellen 126
        10.1.4 Komplexe Indexfläche 127
        10.1.5 Brechungsgesetz bei Absorption 127
        10.1.6 Folgerungen 127
    10.2 Dicke und Absorption 128

Literatur 129

Sachverzeichnis 132

1. Eindimensionale Lichtausbreitung

Ein eindimensionaler, periodischer Vorgang heißt Schwingung. Ihre Höhe, Amplitude genannt, ändert sich sinusförmig gemäß:

$$a = A \sin \varphi, \tag{1.1}$$

- a Amplitude,
- A Maximalwert der Amplitude,
- φ Phasenwinkel.

Dem (jetzt im Bogenmaß einzusetzenden) Phasenwinkel kann durch:

$$\varphi/2\pi = s/\lambda - t/T, \tag{1.2}$$

- s von einer Schwingung zurückgelegter Weg,
- $\lambda\,[\text{nm}]$ Wellenlänge: Weg zwischen zwei gleichsinnig durchlaufenen Schwingungsphasen,
- t von einer Schwingung benötigte Zeit,
- $T\,[s]$ Periode: Zeit zwischen zwei gleichsinnig durchlaufenen Schwingungsphasen,

die örtliche und zeitliche Fortpflanzung einer Schwingung zugeordnet werden (Abb. 1). Eine sich in dieser Weise fortpflanzende Schwingung stellt eine Welle dar. Die als Vektoren genommenen Größen $\vec{s}$ und $\vec{a}$ bezeichnen Fortpflanzungs- und Schwingungsrichtung der Welle. Die abgeleitete Einheit Nanometer hieß früher Millimikron. Es gilt:

$$10\,\text{Å} = 1\,\text{nm} = (1\,\text{m}\mu) = 10^{-3}\,\mu\text{m} = 10^{-6}\,\text{mm} = 10^{-7}\,\text{cm}.$$

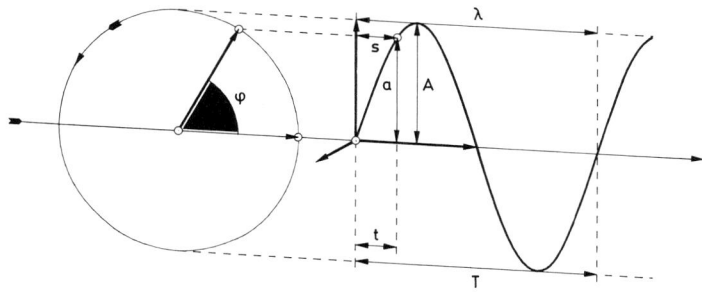

Abb. 1. Beziehungen zwischen Phasenwinkel, Amplitude und örtlicher Fortpflanzung einer Schwingung bei festgehaltener Zeit bzw. zeitlicher Fortpflanzung einer Schwingung bei festgehaltenem Ort.

Sollen a und $\sin\varphi$ nicht gleichzeitig verschwinden, so hat man (1.1) in der Form:

$$a = A \sin(\varphi - \varphi_0), \qquad (1.3)$$

φ_0 Phasenwinkel,

zu schreiben (Abb. 2).

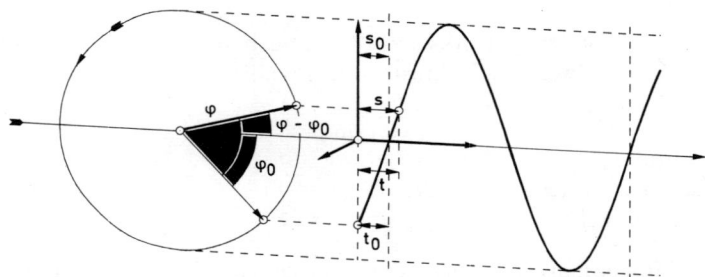

Abb. 2. Darstellung der Schwingung (1.3).

Sollen die Phasenwinkel als Wege und Zeiten erscheinen, so kann man die Beziehungen:

$$\varphi_0 = 2\pi(1/T)t_0 = 2\pi\nu t_0 = \omega t_0, \qquad (1.4)$$

$$\varphi = (2\pi/\lambda)s - (2\pi/T)t = ks - \omega t, \qquad (1.5)$$

$\nu[1/s]$ Frequenz,
$\omega[1/s]$ Kreisfrequenz,

damit:

$$a = A \sin\{ks - \omega(t - t_0)\} \qquad (1.6)$$

benutzen.

Soll (zur Abkürzung weiterer Rechnungen) auf e-Potenzen übergegangen werden, so ergibt der *Euler*sche Satz $e^{i\varphi} = \cos\varphi + i\sin\varphi$:

$$a = A e^{i(ks - \omega t)} \qquad (1.7)$$

(vgl. Abb. 3). A darf dabei reell oder komplex sein.

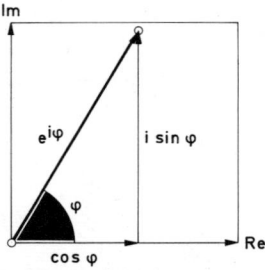

Abb. 3. *Euler*scher Satz $e^{i\varphi} = \cos\varphi + i\sin\varphi$.

2. Dreidimensionale Lichtausbreitung

Die Ausbreitung des elektromagnetischen Feldes wird mit Hilfe der *Maxwell*schen Gleichungen beschrieben (J. C. MAXWELL, brit. Physiker, * 1831 Edinburgh, † 1879 Cambridge). Die Gleichungen lauten:

$$\dot{\vec{B}} = -\operatorname{rot} \vec{E}, \tag{2.1}$$

$$\operatorname{div} \vec{B} = 0, \tag{2.2}$$

$\vec{B}\,[\text{Vs/m}^2]$ magnetische Induktion,
$\vec{E}\,[\text{V/m}]$ elektrische Feldstärke,

$$\dot{\vec{D}} = \operatorname{rot} \vec{H}, \tag{2.3}$$

$$\operatorname{div} \vec{D} = 0, \tag{2.4}$$

$\vec{D}\,[\text{As/m}^2]$ dielektrische Verschiebung,
$\vec{H}\,[\text{A/m}]$ magnetische Feldstärke.

Zwischen $\vec{B}$ und $\vec{H}$ besteht (bei fehlendem Magnetismus, d. h. $\mu=1$) die Beziehung:

$$\vec{B} = \mu_0 \vec{H}, \tag{2.5}$$

$\mu_0\,[\text{Vs/Am}]$ Induktionskonstante

Zwischen $\vec{E}$ und $\vec{D}$ existiert die Verbindung:

$$\vec{E} = \frac{1}{\varepsilon_0} (\varepsilon)^{-1} \vec{D}, \tag{2.6}$$

$\varepsilon_0\,[\text{As/Vm}]$ Influenzkonstante,
(ε) Tensor der relativen Dielektrizität. (Der inverse Tensor $(\varepsilon)^{-1}$ ist durch $(\varepsilon)^{-1}(\varepsilon) = (\varepsilon)(\varepsilon)^{-1} = $ Einheitstensor definiert.)

Die Ausbreitung der Energie wird durch den *Poynting*schen (Strahl-)Vektor $\vec{S}$ dargestellt (J. H. POYNTING, brit. Physiker, * 1852 Monton bei Manchester, † 1914 Birmingham). Er ergibt sich (vgl. z. B. BECKER [8], S. 152–154) als Vektorprodukt:

$$\vec{S} = [\vec{E}, \vec{H}]. \tag{2.7}$$

Die Dimension von $\vec{S}$ kann wegen $[\text{VA/m}^2] = [\text{Ws/m}^2\text{s}]$ als Energie aufgefaßt werden, die pro Sekunde durch ein Quadratmeter strömt.

2. Dreidimensionale Lichtausbreitung

2.1. Wellengleichung

Die Ausbreitung des Lichts wird durch Wellenfunktionen beschrieben. Zeitliche und örtliche Änderung der einzelnen die Welle kennzeichnenden Größen sind durch analoge Beziehungen verknüpft, die aus den *Maxwell*schen Gleichungen hervorgehen. Im folgenden wird die für $\vec{D}$ gültige Beziehung abgeleitet (und nicht die für $\vec{E}$, da $\vec{D}$ den Vorzug hat, auf der Fortpflanzungsrichtung senkrecht zu stehen).

(2.1) enthält $\vec{B}$ als Funktion der Zeit und $\vec{E}$ als Funktion des Orts. Es müssen also $\vec{B}$ und $\vec{E}$ durch $\vec{D}$ substituiert werden.

Um statt $\vec{B}$ den Vektor $\vec{D}$ zu erhalten, wird (2.1) nach Rotorbildung mit der durch Differentiation und Rotorbildung veränderten Gl. (2.5) gleichgesetzt, dadurch zunächst $\vec{H}$ eingeführt:

$$\mathrm{rot}\,\dot{\vec{B}} = -\mathrm{rot}\,\mathrm{rot}\,\vec{E},$$

$$\dot{\vec{B}} = \mu_0 \dot{\vec{H}},$$

$$\mathrm{rot}\,\dot{\vec{B}} = \mu_0\,\mathrm{rot}\,\dot{\vec{H}},$$

$$-\mathrm{rot}\,\mathrm{rot}\,\vec{E} = \mu_0\,\mathrm{rot}\,\dot{\vec{H}}$$

und dann durch die differenzierte Gl. (2.3) ersetzt:

$$\ddot{\vec{D}} = \mathrm{rot}\,\dot{\vec{H}}$$

$$-\mathrm{rot}\,\mathrm{rot}\,\vec{E} = \mu_0\,\ddot{\vec{D}}. \tag{2.8}$$

Um statt $\vec{E}$ den Vektor $\vec{D}$ zu bekommen, genügt es, (2.6) in (2.8) einzutragen:

$$-\mathrm{rot}\,\mathrm{rot}\,\vec{D} = \varepsilon_0\,\mu_0(\varepsilon)\,\ddot{\vec{D}}. \tag{2.9}$$

(2.9) läßt sich wegen $\mathrm{rot}\,\mathrm{rot} = \mathrm{grad}\,\mathrm{div} - \Delta$ und (2.4) noch vereinfachen:

$$\Delta \vec{D} - \varepsilon_0\,\mu_0(\varepsilon)\,\ddot{\vec{D}} = 0. \tag{2.10}$$

(2.10) wird mit Hilfe der Beziehung:

$$\varepsilon_0\,\mu_0 = 1/c^2, \tag{2.11}$$

in: c Lichtgeschwindigkeit im materiefreien Raum,

$$\Delta \vec{D} - \frac{(\varepsilon)}{c^2}\,\ddot{\vec{D}} = 0$$

und mit der Brechungszahl:

$$n = c/c', \tag{2.12}$$

c' Lichtgeschwindigkeit im materieerfüllten Raum,

in:

$$\Delta \vec{D} - \frac{(\varepsilon)}{n^2\,c'^2}\,\ddot{\vec{D}} = 0$$

2.1. Wellengleichung

überführt. Transformiert man den (ε)-Tensor auf sein Hauptachsensystem, bringt ihn also in die Diagonalform:

$$(\varepsilon) = \begin{pmatrix} \varepsilon_X & 0 & 0 \\ 0 & \varepsilon_Y & 0 \\ 0 & 0 & \varepsilon_Z \end{pmatrix},$$

so kann man die Spurelemente mit Hilfe der *Maxwell*schen Beziehung:

$$\varepsilon = n^2 \tag{2.13}$$

durch die Hauptbrechungszahlen $n_{X,Y,Z}$ ersetzen und erhält:

$$\Delta D_X - \frac{n_X^2}{n_X^2 c_X'^2} \ddot{D}_X = \Delta D_X - \frac{1}{c_X'^2} \ddot{D}_X = 0. \tag{2.14}$$

Aus (2.14) entsteht durch Verwendung der (auch lichtelektrische Erregung genannten) Abkürzung $U = D_{X,Y,Z}$ sowie $v = c_{X,Y,Z}'$:

$$\Delta U - \frac{1}{v^2} \frac{\partial^2 U}{\partial t^2} = 0,$$

durch Einführung des zeitperiodischen Ansatzes:

$$U(\vec{r}, t) = u(\vec{r}) e^{-i\omega t}, \tag{2.15}$$

$$\partial^2 U/\partial t^2 = -\omega^2 U \tag{2.16}$$

und durch Verwendung der (mit (1.2) aus (1.5) hervorgehenden) Vereinfachung:

$$k = 2\pi/\lambda = (2\pi/v)(1/T) = 2\pi v/v = \omega/v \tag{2.17}$$

das Ergebnis:

$$\Delta u + k^2 u = 0. \tag{2.18}$$

(2.18) heißt (skalare) Wellengleichung.

Die Ortsabhängigkeit kann verschiedenartig sein. Sie dient zugleich zur Benennung der Welle. In diesem Zusammenhang haben nur zwei Wellenarten, d.h. zwei Lösungen von (2.18) Bedeutung.

Bei der Planwelle liegen die Orte gleicher Phase in einer Ebene. Schreibt man den *Laplace*-Operator in cartesischen Koordinaten, und richtet man es so ein, daß u nur von der mit s zusammenfallenden Koordinatenrichtung abhängt, so wird:

$$\Delta u = d^2 u/ds^2$$

und (vgl. (2.18)):

$$d^2 u/ds^2 + k^2 u = 0. \tag{2.19}$$

Da (1.7) Lösung von (2.19) ist und s im Fall einander paralleler Fortpflanzungsrichtungen durch $s = (\vec{r}, \vec{s}_0)$ ersetzt werden darf, stellt:

$$U = A e^{i\{k(\vec{r}, \vec{s}_0) - \omega t\}} \tag{2.20}$$

die Gleichung einer Planwelle dar.

2. Dreidimensionale Lichtausbreitung

Bei der Kugelwelle liegen die Orte gleicher Phase auf einer Kugel. Drückt man den *Laplace*-Operator in Kugelkoordinaten aus (s. z. B. PÖSCHL [9], S. 8 und 9), und nimmt man an, daß u nur von r abhängt, so entsteht:

$$\Delta u = \frac{1}{r^2}\frac{\partial}{\partial r}\left(r^2\frac{\partial u}{\partial r}\right) + \frac{1}{r^2\sin\vartheta}\left\{\frac{\partial}{\partial\vartheta}\left(\sin\vartheta\frac{\partial u}{\partial\vartheta}\right) + \frac{\partial^2 u}{\partial\psi^2}\right\}$$

$$= \frac{1}{r^2}\frac{d}{dr}\left(r^2\frac{du}{dr}\right) = \frac{1}{r^2}\left(2r\frac{du}{dr} + r^2\frac{d^2u}{dr^2}\right)$$

$$= \frac{1}{r}\left(2\frac{du}{dr} + r\frac{d^2u}{dr^2}\right) = \frac{1}{r}\left\{\frac{d}{dr}\left(u + r\frac{du}{dr}\right)\right\} = \frac{1}{r}\frac{d^2(ru)}{dr^2}$$

und damit:

$$\frac{d^2(ru)}{dr^2} + k^2(ru) = 0. \tag{2.21}$$

Da (2.20) Lösung von (2.19) ist und s jetzt die Bedeutung des Kugelradius hat, gibt:

$$U = \frac{A}{r}e^{i(kr-\omega t)} \tag{2.22}$$

die Gleichung einer Kugelwelle an.

Die Kristalldiagnose im durchfallenden Licht beruht auf dem Verhalten von Planwellen. Nur der *Kirchhoff*sche Ansatz enthält eine Kugelwelle. Bei Verwendung von Planwellen nehmen die Vektoren der *Maxwell*schen Theorie folgende gegenseitige Lage ein.

Zunächst wird das in (2.20) enthaltene Skalarprodukt in der Form:

$$(\vec{r},\vec{s}_0) = s_{0X}X + s_{0Y}Y + s_{0Z}Z$$

geschrieben.

Bezieht man (2.20) auf $\vec{D}$ und $\vec{H}$, so entsteht für $\vec{H}$:

$$\vec{H} = \vec{H}_{max}e^{i\{k(s_{0X}X + s_{0Y}Y + s_{0Z}Z) - \omega t\}}. \tag{2.23}$$

(2.23) liefert für die in (2.3) vorkommende $\operatorname{rot}\vec{H}$:

$$\operatorname{rot}\vec{H} = \begin{vmatrix} \vec{X}_0 & \vec{Y}_0 & \vec{Z}_0 \\ \dfrac{\partial}{\partial X} & \dfrac{\partial}{\partial Y} & \dfrac{\partial}{\partial Z} \\ H_X & H_Y & H_Z \end{vmatrix} = \left\{\begin{array}{c} \dfrac{\partial}{\partial Y}H_Z - \dfrac{\partial}{\partial Z}H_Y \\ \dfrac{\partial}{\partial Z}H_X - \dfrac{\partial}{\partial X}H_Z \\ \dfrac{\partial}{\partial X}H_Y - \dfrac{\partial}{\partial Y}H_X \end{array}\right\},$$

$$\frac{\partial}{\partial Y}H_Z = H_{max\,Z}\frac{\partial}{\partial Y}e^{i\{k(s_{0X}X + s_{0Y}Y + s_{0Z}Z) - \omega t\}}$$

$$= ikH_{max\,Z}e^{i\{k(\vec{r},\vec{s}_0) - \omega t\}}s_{0Y} = iks_{0Y}H_Z,$$

$$\operatorname{rot}\vec{H} = ik \begin{vmatrix} \vec{X}_0 & \vec{Y}_0 & \vec{Z}_0 \\ s_{0X} & s_{0Y} & s_{0Z} \\ H_X & H_Y & H_Z \end{vmatrix} = ik[\vec{s}_0, \vec{H}], \tag{2.24}$$

damit statt (2.3) und mit (2.17):

$$-i\omega\vec{D} = ik[\vec{s}_0, \vec{H}],$$

$$\vec{D} = -\frac{1}{v}[\vec{s}_0, \vec{H}]. \tag{2.25}$$

(2.25) besagt, daß $\vec{D}$ auf $\vec{s}_0$ und $\vec{H}$ senkrecht steht. Ebenso läßt sich, von (2.1) ausgehend, nachweisen, daß $\vec{B}$ auf $\vec{s}_0$ und $\vec{E}$ senkrecht steht. Daß $\vec{B}$ und $\vec{H}$ bei fehlendem Magnetismus (d.h. im Falle $\mu = 1$) koinzidieren, geht aus (2.5) hervor, daß $\vec{E}$ und $\vec{D}$ im allgemeinen einen Winkel miteinander bilden, gibt (2.6) zu erkennen. Insgesamt erhält man, falls $(\varepsilon) \neq 1$ ist, die aus Abb. 4 ersichtlichen Verhältnisse, und falls $(\varepsilon) = 1$ ist, die in Abb. 5 dargestellten Gegebenheiten. Nichtparallelität von $\vec{D}$ und $\vec{E}$ hat Richtungsabhängigkeit des optischen Verhaltens, d.h. optische Anisotropie, Parallelität von $\vec{D}$ und $\vec{E}$ dagegen Richtungsunabhängigkeit des optischen Verhaltens, d.h. optische Isotropie zur Folge.

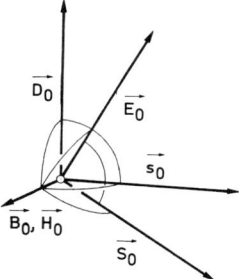
Abb. 4. Lage der Vektoren $\vec{B}$, $\vec{D}$, $\vec{E}$, $\vec{H}$, $\vec{S}$, $\vec{s}$ bei optischer Anisotropie. Sämtliche Vektoren wurden als Einheitsvektoren dargestellt (Index 0). Alle eingetragenen Winkel sind rechte.

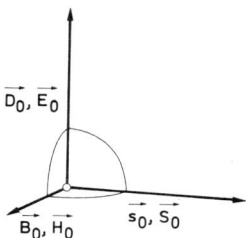
Abb. 5. Lage der Vektoren $\vec{B}$, $\vec{D}$, $\vec{E}$, $\vec{H}$, $\vec{S}$, $\vec{s}$ bei optischer Isotropie. Sämtliche Vektoren wurden als Einheitsvektoren dargestellt (Index 0). Alle eingetragenen Winkel sind rechte.

2.2. Optische Bezugsflächen

Da erstens (ε) ein Tensor ist, hängt die Ausbreitungs-(Phasen-)Geschwindigkeit der Planwellen von der Richtung ab, in der sie sich fortpflanzen. Da zweitens diese Geschwindigkeit sich am einfachsten durch Brechungszahlmessung angeben läßt, interessiert nicht so sehr die Richtungsabhängigkeit der Geschwindigkeit, sondern vielmehr die Richtungsabhängigkeit des mit ihr durch (2.12) verbundenen Brechungsvermögens. Da drittens jede Planwelle zwei ausgezeichnete Richtungen (ihre Fortpflanzungsrichtung $\vec{s}_0$ und ihre Schwingungsrichtung $\vec{D}$) aufweist, existieren auch zwei Funktionen $n = f(X, Y, Z)$. Sie lassen sich aus den *Maxwell*schen Gleichungen dadurch ableiten, daß man zunächst $\vec{B}$ und $\vec{H}$ entfernt, die Planwellengleichung einführt und dann $\vec{E}$ und entweder $\vec{D}$ oder $\vec{s}_0$ beseitigt.

Die Vektoren $\vec{B}$ und $\vec{H}$ wurden bereits bei der Entwicklung der Wellengleichung eliminiert. Setzt man in das Ergebnis (2.8) die für $\vec{E}$ formulierte Planwellengleichung (2.20) ein, so entsteht mit (2.16):

$$\vec{D} = \frac{1}{\mu_0 \omega^2} \operatorname{rot} \operatorname{rot} \vec{E}$$

und mit der gemäß (2.24) berechneten $\operatorname{rot} \vec{E}$:

$$\vec{D} = i \frac{k}{\mu_0 \omega^2} \operatorname{rot} [\vec{s}_0, \vec{E}]. \qquad (2.26)$$

Der noch ausstehende Rotor ergibt sich aus:

$$\operatorname{rot}[\vec{s}_0, \vec{E}] = \begin{vmatrix} \vec{X}_0 & \vec{Y}_0 & \vec{Z}_0 \\ \partial/\partial X & \partial/\partial Y & \partial/\partial Z \\ [\vec{s}_0, \vec{E}]_X & [\vec{s}_0, \vec{E}]_Y & [\vec{s}_0, \vec{E}]_Z \end{vmatrix}$$

$$= \left\{ \begin{array}{l} \dfrac{\partial}{\partial Y}(s_{0X} E_Y - s_{0Y} E_X) - \dfrac{\partial}{\partial Z}(s_{0Z} E_X - s_{0X} E_Z) \\[4pt] \dfrac{\partial}{\partial Z}(s_{0Y} E_Z - s_{0Z} E_Y) - \dfrac{\partial}{\partial X}(s_{0X} E_Y - s_{0Y} E_X) \\[4pt] \dfrac{\partial}{\partial X}(s_{0Z} E_X - s_{0X} E_Z) - \dfrac{\partial}{\partial Y}(s_{0Y} E_Z - s_{0Z} E_Y) \end{array} \right\},$$

$$\frac{\partial}{\partial Y} s_{0X} E_Y = s_{0X} E_{\max Y} \frac{\partial}{\partial Y} e^{i\{k(s_{0X} X + s_{0Y} Y + s_{0Z} Z) - \omega t\}}$$

$$= i k s_{0X} E_{\max Y} e^{i\{k(\vec{r}, \vec{s}_0) - \omega t\}} s_{0Y} = i k s_{0X} s_{0Y} E_Y,$$

$$\operatorname{rot}_X[\vec{s}_0, \vec{E}] = i k (s_{0X} s_{0Y} E_Y - s_{0Y}^2 E_X - s_{0Z}^2 E_X + s_{0Z} s_{0X} E_Z)$$
$$= i k \{s_{0X}(s_{0X} E_X + s_{0Y} E_Y + s_{0Z} E_Z) - E_X\},$$

$$\operatorname{rot}[\vec{s}_0, \vec{E}] = i k \{\vec{s}_0(\vec{s}_0, \vec{E}) - \vec{E}\}. \qquad (2.27)$$

(2.26) geht mit (2.27) in:

$$\vec{D} = -\frac{k^2}{\mu_0 \omega^2} \{\vec{s}_0(\vec{s}_0, \vec{E}) - \vec{E}\}$$

und mit (2.17), (2.12) und (2.11) in:

$$\vec{D} = n^2 \varepsilon_0 \{\vec{E} - \vec{s}_0(\vec{s}_0, \vec{E})\} \qquad (2.28)$$

über.

Der Vektor $\vec{E}$ wird mit (2.6) in Fortfall gebracht:

$$\vec{D} = n^2 \{(\varepsilon)^{-1} \vec{D} - \vec{s}_0(\vec{s}_0, (\varepsilon)^{-1} \vec{D})\}. \qquad (2.29)$$

Von dieser Gl. (2.29) an richtet sich die weitere Ableitung danach, ob n als Funktion der Fortpflanzungs- oder der Schwingungsrichtung angegeben werden soll.

2.2. Optische Bezugsflächen

Bei Bezug auf die Fortpflanzungsrichtung muß $\vec{s}_0$ bleiben und $\vec{D}$ entfernt werden.

Nach Transformation auf das Hauptachsensystem des (ε)-Tensors wird zur Elimination von $\vec{D}$ die aus den Koeffizienten der Komponenten von (2.29):

$$D_X = (n^2/n_X^2)\{D_X - s_{0X}(s_{0X} D_X + s_{0Y} D_Y + s_{0Z} D_Z)\},$$
$$D_X\{n_X^2 - n^2(1 - s_{0X}^2)\} + D_Y n^2 s_{0X} s_{0Y} + D_Z n^2 s_{0Z} s_{0X} = 0$$

u.e. gebildete Determinante:

$$\begin{vmatrix} n_X^2 - n^2(1 - s_{0X}^2) & n^2 s_{0X} s_{0Y} & n^2 s_{0Z} s_{0X} \\ n^2 s_{0X} s_{0Y} & n_Y^2 - n^2(1 - s_{0Y}^2) & n^2 s_{0Y} s_{0Z} \\ n^2 s_{0Z} s_{0X} & n^2 s_{0Y} s_{0Z} & n_Z^2 - n^2(1 - s_{0Z}^2) \end{vmatrix} = 0$$

gesetzt. Aus der dadurch aufgestellten Bedingung für die Existenz nicht-trivialer Lösungen ergibt sich:

$$\frac{n_X^2 s_{0X}^2}{n^2 - n_X^2} + \frac{n_Y^2 s_{0Y}^2}{n^2 - n_Y^2} + \frac{n_Z^2 s_{0Z}^2}{n^2 - n_Z^2} = 0 \tag{2.30}$$

oder nach Addition von:

$$\frac{s_{0X}^2(n^2 - n_X^2)}{n^2 - n_X^2} + \frac{s_{0Y}^2(n^2 - n_Y^2)}{n^2 - n_Y^2} + \frac{s_{0Z}^2(n^2 - n_Z^2)}{n^2 - n_Z^2} = 1,$$

$$\frac{n^2 s_{0X}^2}{n^2 - n_X^2} + \frac{n^2 s_{0Y}^2}{n^2 - n_Y^2} + \frac{n^2 s_{0Z}^2}{n^2 - n_Z^2} = 1. \tag{2.31}$$

(2.30) und (2.31) stellen die beiden gebräuchlichen Formen der Indexflächengleichung dar. Sie ist quadratisch in n^2, ergibt also pro Fortpflanzungsrichtung zwei Lösungen $n_{1;2}$, hat demnach zwei konzentrische Schalen. Die Differenz der beiden Lösungen heißt Doppelbrechung. Ihre Größe wird durch die Indexfläche veranschaulicht.

Führt man in (2.30) den Vektor:

$$\vec{n} = (X, Y, Z) \tag{2.32}$$

durch:

$$\vec{n} = n \vec{s}_0 \tag{2.33}$$

ein, so ergeben sich nach Gleichnamigmachung des Ausdrucks und Nullsetzung von X, Y oder Z die Schnittkurven der Indexfläche mit den Achsenebenen. Man findet zunächst:

$$n_X^2 X^2 (X^2 + Y^2 + Z^2 - n_Y^2)(X^2 + Y^2 + Z^2 - n_Z^2)$$
$$+ n_Y^2 Y^2 (X^2 + Y^2 + Z^2 - n_Z^2)(X^2 + Y^2 + Z^2 - n_X^2) \tag{2.34}$$
$$+ n_Z^2 Z^2 (X^2 + Y^2 + Z^2 - n_X^2)(X^2 + Y^2 + Z^2 - n_Y^2) = 0$$

und dann:

$$X = 0 \text{ (Schnitt mit der } YZ\text{-Ebene)},$$

$$(Y^2+Z^2-n_X^2)\{n_Y^2 Y^2(Y^2+Z^2-n_Z^2)+n_Z^2 Z^2(Y^2+Z^2-n_Y^2)\}=0,$$

$$n_X^2 = Y^2 + Z^2, \tag{2.35}$$

$$(Y^2+Z^2)\left(\frac{Y^2}{n_Z^2}+\frac{Z^2}{n_Y^2}-1\right)=0,$$

$$\frac{Y^2}{n_Z^2}+\frac{Z^2}{n_Y^2}=1, \tag{2.36}$$

$Y=0$ (Schnitt mit der ZX-Ebene),

$$(Z^2+X^2-n_Y^2)\{n_Z^2 Z^2(Z^2+X^2-n_X^2)+n_X^2 X^2(Z^2+X^2-n_Z^2)\}=0,$$

$$n_Y^2 = Z^2 + X^2, \tag{2.37}$$

$$(Z^2+X^2)\left(\frac{Z^2}{n_X^2}+\frac{X^2}{n_Z^2}-1\right)=0,$$

$$\frac{Z^2}{n_X^2}+\frac{X^2}{n_Z^2}=1, \tag{2.38}$$

$Z=0$ (Schnitt mit der XY-Ebene),

$$(X^2+Y^2-n_Z^2)\{n_X^2 X^2(X^2+Y^2-n_Y^2)+n_Y^2 Y^2(X^2+Y^2-n_X^2)\}=0,$$

$$n_Z^2 = X^2 + Y^2,$$

$$(X^2+Y^2)\left(\frac{X^2}{n_Y^2}+\frac{Y^2}{n_X^2}-1\right)=0,$$

$$\frac{X^2}{n_Y^2}+\frac{Y^2}{n_X^2}=1.$$

Konventionsgemäß kürzt n_X die kleinste, n_Z die größte und n_Y die wertmäßig zwischen n_X und n_Z liegende Hauptbrechungszahl ab. Damit erhält man jeweils eine Ellipse (z.B. (2.36), (2.38)) und einen Kreis (z.B. (2.35), (2.37)) als Schnittkurven. Sämtliche Ellipsen und Kreise sind konzentrisch. In der YZ-Ebene umgibt die Ellipse den Kreis, in der XY-Ebene der Kreis die Ellipse. In der ZX-Ebene schneiden sich Ellipse und Kreis.

Die Differenzen $\varDelta_X = n_Z - n_Y$, $\varDelta_Y = n_Z - n_X$, $\varDelta_Z = n_Y - n_X$ heißen Hauptdoppelbrechungen.

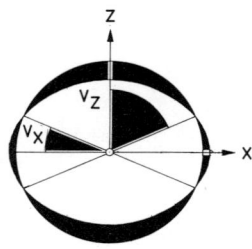

Abb. 6. Winkel $2V_X$ und $2V_Z$ der optischen Achsen. In der Abb. ist X spitze Bisektrix.

2.2. Optische Bezugsflächen

Die beiden Geraden durch das Zentrum und die Schnittpunkte bezeichnen zwei Richtungen, in denen die beiden Brechungszahlen gleich und gleich n_Y sind und in denen die Doppelbrechung null beträgt. Diese Richtungen heißen optische Achsen. Der kleinere der beiden von den optischen Achsen gebildeten Winkel $2V_X$ und $2V_Z$ wird Winkel der optischen Achsen genannt (s. Abb. 6), die Winkelhalbierende des kleineren Winkels als spitze Bisektrix, die des größeren Winkels dagegen als stumpfe Bisektrix bezeichnet.

Zur Berechnung des Winkels der optischen Achsen kann man aus (2.37) und (2.38):

$$X^2 = n_Y^2 - Z^2,$$

$$X^2 = n_Z^2 \left(1 - \frac{Z^2}{n_X^2}\right),$$

$$Z^2 = n_X^2 \left(\frac{n_Z^2 - n_Y^2}{n_Z^2 - n_X^2}\right) \tag{2.39}$$

und:

$$X^2 = n_Z^2 \left(\frac{n_Y^2 - n_X^2}{n_Z^2 - n_X^2}\right) \tag{2.40}$$

gewinnen und aus (2.39) und (2.40):

$$\tan V_Z = \frac{X}{Z} = \frac{n_Z}{n_X} \sqrt{\frac{n_Y^2 - n_X^2}{n_Z^2 - n_Y^2}}. \tag{2.41}$$

Häufig verwendet werden auch die aus (2.41) leicht herstellbaren Ausdrücke:

$$\sin V_Z = \frac{n_Z}{n_Y} \sqrt{\frac{n_Y^2 - n_X^2}{n_Z^2 - n_X^2}}, \tag{2.42}$$

$$\cos V_Z = \frac{n_X}{n_Y} \sqrt{\frac{n_Z^2 - n_Y^2}{n_Z^2 - n_X^2}}. \tag{2.43}$$

Zur Berechnung des in irgendeiner Richtung $\vec{n}$ vorhandenen Brechungsvermögens eignen sich die *Neumann*schen Formeln. (F. E. NEUMANN, deutsch. Physiker und Mineraloge, * 1798 Joachimsthal in der Uckermark, † 1895 Königsberg.) Zu ihrer Ableitung werden die Winkel zwischen $\vec{n}$ und den optischen Achsen $\vec{A}_1, \vec{A}_2$ mit ϑ_1, ϑ_2 abgekürzt, die Komponenten der zu $\vec{n}, \vec{A}_1, \vec{A}_2$ gehörenden Einheitsvektoren $\vec{s}_0, \vec{A}_{10}, \vec{A}_{20}$ aufgesucht:

$$\vec{s}_0 = (s_{0X}, s_{0Y}, s_{0Z}),$$

$$\vec{A}_{10} = (\sin V_Z, 0, \cos V_Z), \tag{2.44}$$

$$\vec{A}_{20} = (-\sin V_Z, 0, \cos V_Z). \tag{2.45}$$

Die skalaren Produkte:

$$(\vec{s}_0, \vec{A}_{10}) = \cos \vartheta_1 = s_{0X} \sin V_Z + s_{0Z} \cos V_Z,$$

$$(\vec{s}_0, \vec{A}_{20}) = \cos \vartheta_2 = -s_{0X} \sin V_Z + s_{0Z} \cos V_Z$$

werden zur Beseitigung der Größe s_{0Z} subtrahiert und zur Beseitigung der Größe s_{0X} addiert:

$$\cos\vartheta_1 - \cos\vartheta_2 = 2 s_{0X} \sin V_Z,$$

$$s_{0X} \sin V_Z = -\sin\frac{\vartheta_1+\vartheta_2}{2} \sin\frac{\vartheta_1-\vartheta_2}{2}, \qquad (2.46)$$

$$\cos\vartheta_1 + \cos\vartheta_2 = 2 s_{0Z} \cos V_Z,$$

$$s_{0Z} \cos V_Z = \cos\frac{\vartheta_1+\vartheta_2}{2} \cos\frac{\vartheta_1-\vartheta_2}{2}. \qquad (2.47)$$

Einfügen von (2.42) in (2.46) und (2.43) in (2.47) ergibt:

$$s_{0X}^2 = \frac{1/n_X^2 - 1/n_Z^2}{1/n_X^2 - 1/n_Y^2} \sin^2\frac{\vartheta_1+\vartheta_2}{2} \sin^2\frac{\vartheta_1-\vartheta_2}{2}, \qquad (2.48)$$

$$s_{0Z}^2 = \frac{1/n_X^2 - 1/n_Z^2}{1/n_Y^2 - 1/n_Z^2} \cos^2\frac{\vartheta_1+\vartheta_2}{2} \cos^2\frac{\vartheta_1-\vartheta_2}{2}. \qquad (2.49)$$

Einsetzen von (2.48) und (2.49) in die durch Kombination von (2.30) mit:

$$s_{0Y}^2 = 1 - s_{0X}^2 - s_{0Z}^2$$

hergestellte Gleichung:

$$s_{0X}^2 \frac{1/n_Y^2 - 1/n_X^2}{1/n_X^2 - 1/n^2} + s_{0Z}^2 \frac{1/n_Y^2 - 1/n_Z^2}{1/n_Z^2 - 1/n^2} + 1 = 0$$

liefert mit:

$$N_B = \frac{1/n_X^2 - 1/n^2}{1/n_Z^2 - 1/n_X^2}$$

den Ausdruck:

$$\frac{1}{N_B}\sin^2\frac{\vartheta_1+\vartheta_2}{2}\sin^2\frac{\vartheta_1-\vartheta_2}{2} - \frac{1}{N_B+1}\cos^2\frac{\vartheta_1+\vartheta_2}{2}\cos^2\frac{\vartheta_1-\vartheta_2}{2} + 1 = 0. \qquad (2.50)$$

(2.50) ist eine quadratische Gleichung in N_B:

$$N_B^2 + N_B\left(\sin^2\frac{\vartheta_1+\vartheta_2}{2}\sin^2\frac{\vartheta_1-\vartheta_2}{2} - \cos^2\frac{\vartheta_1+\vartheta_2}{2}\cos^2\frac{\vartheta_1-\vartheta_2}{2} + 1\right)$$

$$+ \sin^2\frac{\vartheta_1+\vartheta_2}{2}\sin^2\frac{\vartheta_1-\vartheta_2}{2} = 0,$$

$$(\ldots) =$$

$$= \sin^2\frac{\vartheta_1+\vartheta_2}{2}\sin^2\frac{\vartheta_1-\vartheta_2}{2} - \left(1 - \sin^2\frac{\vartheta_1+\vartheta_2}{2}\right)\left(1 - \sin^2\frac{\vartheta_1-\vartheta_2}{2}\right) + 1$$

$$= \sin^2\frac{\vartheta_1+\vartheta_2}{2} + \sin^2\frac{\vartheta_1-\vartheta_2}{2},$$

2.2. Optische Bezugsflächen

$$N_B^2 + N_B \left(\sin^2 \frac{\vartheta_1 + \vartheta_2}{2} + \sin^2 \frac{\vartheta_1 - \vartheta_2}{2} \right) + \sin^2 \frac{\vartheta_1 + \vartheta_2}{2} \sin^2 \frac{\vartheta_1 - \vartheta_2}{2} = 0. \qquad (2.51)$$

(2.51) hat die Lösungen:

$$N_B = \frac{1}{2} \left\{ -\left(\sin^2 \frac{\vartheta_1 + \vartheta_2}{2} + \sin^2 \frac{\vartheta_1 - \vartheta_2}{2} \right) \pm \left(\sin^2 \frac{\vartheta_1 + \vartheta_2}{2} - \sin^2 \frac{\vartheta_1 - \vartheta_2}{2} \right) \right\}$$

$$= -\sin^2 \frac{\vartheta_1 \mp \vartheta_2}{2} = -\frac{1 - \cos(\vartheta_1 \mp \vartheta_2)}{2},$$

$$\frac{1}{n_{1;2}^2} = \frac{1/n_X^2 + 1/n_Z^2}{2} + \frac{1/n_X^2 - 1/n_Z^2}{2} \cos(\vartheta_1 \pm \vartheta_2). \qquad (2.52)$$

Bei Bezug auf die Schwingungsrichtungen muß $\vec{D}$ bleiben und $\vec{s}_0$ entfernt werden.

Zur Elimination von $\vec{s}_0$ wird (2.29) skalar mit $\vec{s}_0$ multipliziert:

$$(\vec{s}_0, \vec{D}) = n^2 \{ (\vec{s}_0, (\varepsilon)^{-1} \vec{D}) - \vec{s}_0^2 (\vec{s}_0, (\varepsilon)^{-1} \vec{D}) \} = 0 \qquad (2.53)$$

und (2.53) in (2.29) eingesetzt. Nach skalarer Multiplikation mit $\vec{D}$ bleibt bei Beachtung von (2.53):

$$\vec{D}^2 = n^2 (\vec{D}, (\varepsilon)^{-1} \vec{D}), \qquad (2.54)$$

d.h.:

$$\frac{1}{n_X^2} n^2 \frac{D_X^2}{D^2} + \frac{1}{n_Y^2} n^2 \frac{D_Y^2}{D^2} + \frac{1}{n_Z^2} n^2 \frac{D_Z^2}{D^2} = 1. \qquad (2.55)$$

Die $D_{X,Y,Z}/D$ sind Komponenten des in $\vec{D}$-Richtung weisenden Einheitsvektors $\vec{D}_0$, die $n(D_{X,Y,Z}/D)$ also Komponenten X, Y, Z eines Vektors $\vec{n}$ der Länge n und der Richtung $\vec{D}_0$. Mit diesen Bezeichnungen wird (2.55) zu:

$$\frac{X^2}{n_X^2} + \frac{Y^2}{n_Y^2} + \frac{Z^2}{n_Z^2} = 1. \qquad (2.56)$$

(2.56) stellt die Indikatrixgleichung dar. Sie ist in n quadratisch, ergibt also dem Betrage nach nur eine Lösung, demnach auch nur eine Schale und repräsentiert ein dreiachsiges Ellipsoid.

Die Achsenebenen $(X, Y), (Y, Z), (Z, X)$ schneiden die Schale in den Ellipsen:

$$\frac{X^2}{n_X^2} + \frac{Y^2}{n_Y^2} = 1,$$

$$\frac{Y^2}{n_Y^2} + \frac{Z^2}{n_Z^2} = 1,$$

$$\frac{Z^2}{n_Z^2} + \frac{X^2}{n_X^2} = 1. \qquad (2.57)$$

(2.57) enthält offenbar die beiden optischen Achsen. Nur die zu diesen senkrechten Zentralschnitte sind keine Ellipsen, sondern Kreise. Diese Schnittebenen heißen demgemäß Kreisschnittebenen. Wenn man die Indikatrixgleichung (2.56) in der Form:

$$X^2 n_Y^2 n_Z^2 + Y^2 n_Z^2 n_X^2 + Z^2 n_X^2 n_Y^2 = n_X^2 n_Y^2 n_Z^2,$$

von der aus (2.42) bis (2.45) gebildeten Ebenengleichung:

$$\pm X \frac{n_Z}{n_Y} \sqrt{\frac{n_Y^2 - n_X^2}{n_Z^2 - n_X^2}} + Z \frac{n_X}{n_Y} \sqrt{\frac{n_Z^2 - n_Y^2}{n_Z^2 - n_X^2}} = 0,$$

$$X^2 n_Y^2 n_Z^2 - X^2 n_Z^2 n_X^2 - Z^2 n_Z^2 n_X^2 + Z^2 n_X^2 n_Y^2 = 0$$

subtrahiert, erhält man:

$$X^2 + Y^2 + Z^2 = n_Y^2, \qquad (2.58)$$

d.h. der Radius der Kreise ist n_Y.

Die zu einer beliebigen Fortpflanzungsrichtung $\vec{s}_0$ senkrechte Schnittellipse sei die in Abb. 7 dargestellte.

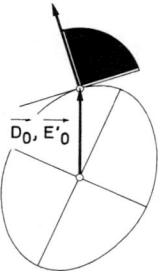

Abb. 7. Ellipse, durch Schnitt einer zur Fortpflanzungsrichtung $\vec{s}_0$ senkrechten Zentralebene mit der Indikatrix entstanden. $\vec{E}'$ stellt den in die Ellipsenebene projizierten Vektor $\vec{E}$ dar. Nicht näher bezeichnet wurde der auf der Indikatrix senkrechte Vektor. $\vec{s}_0$ steht im Ellipsenmittelpunkt auf der Bildebene senkrecht. Alle Vektoren wurden als Einheitsvektoren behandelt (Index 0).

Bildet man von (2.55) den Gradienten nach $\vec{D}_0$, so ergibt sich:

$$\operatorname{grad}_{\vec{D}_0}\left(\frac{1}{n_X^2} n^2 \frac{D_X^2}{D^2} + \frac{1}{n_Y^2} n^2 \frac{D_Y^2}{D^2} + \frac{1}{n_Z^2} n^2 \frac{D_Z^2}{D^2}\right)$$

$$= \operatorname{grad}_{\vec{D}_0}\left(\frac{1}{n_X^2} n^2 D_{0X}^2 + \frac{1}{n_Y^2} n^2 D_{0Y}^2 + \frac{1}{n_Z^2} n^2 D_{0Z}^2\right) = \operatorname{grad}_{\vec{D}_0} f(\vec{D}_0),$$

$$(\operatorname{grad}_{\vec{D}_0})_X f(\vec{D}_0) = (\partial/\partial D_{0X})\left(\frac{1}{n_X^2} n^2 D_{0X}^2 + \frac{1}{n_Y^2} n^2 D_{0Y}^2 + \frac{1}{n_Z^2} n^2 D_{0Z}^2\right) = 2\frac{1}{n_X^2} n^2 D_{0X},$$

$$\operatorname{grad}_{\vec{D}_0} f(\vec{D}_0) = 2n^2\left(\frac{1}{n_X^2} D_{0X} + \frac{1}{n_Y^2} D_{0Y} + \frac{1}{n_Z^2} D_{0Z}\right) = 2n^2(\varepsilon)^{-1}\vec{D}_0 = 2n^2 \frac{\varepsilon_0}{\varepsilon_0}(\varepsilon)^{-1}\vec{D}_0$$

2.2. Optische Bezugsflächen

und mit (2.6):

$$\operatorname{grad}_{\vec{D_0}} f(D_0) = 2n^2 \varepsilon_0 \frac{E}{D} \vec{E_0}. \qquad (2.59)$$

(2.59) besagt, daß $\vec{E}$ im Endpunkt von $\vec{D}$ auf der Indikatrix senkrecht stehen muß (vgl. hierzu DÖRING [11], S. 107–110). Zieht man nun noch Abb. 4 heran, derzufolge $\vec{E}$ in der Ebene durch $\vec{D}$ und $\vec{s_0}$ liegt, projiziert $\vec{E}$ parallel $\vec{s_0}$ in die zu $\vec{s_0}$ senkrechte Ebene und bezeichnet den projizierten $\vec{E}$-Vektor mit $\vec{E'}$, so fällt $\vec{D}$ offenbar immer mit $\vec{E'}$, aber nur dann mit der im Endpunkt von $\vec{D}$ auf der Indikatrix errichteten Senkrechten zusammen, wenn $\vec{D}$ entweder in die Richtung der kleinen oder in die Richtung der großen Hauptachse der Schnittellipse weist.

Bei optischer Anisotropie sind demnach pro Fortpflanzungsrichtung $\vec{s_0}$ zwei Wellen vorhanden, deren Geschwindigkeit durch die Brechungszahlen $n_{1;2}$ erfaßt und deren Schwingungsrichtungen $\vec{D_{1;2}}$ durch die Hauptachsen derjenigen Ellipse angezeigt werden, die durch Schnitt einer senkrecht $\vec{s_0}$ durch den Mittelpunkt der Indikatrix gelegten Ebene entsteht. Diese Aussage heißt Fundamentalsatz der Kristalloptik. Die Festlegung einer Welle auf eine einzige Schwingungsrichtung nennt man lineare Polarisation. Planwellen, die sich in irgendeiner Richtung eines optisch anisotropen Mediums fortpflanzen, sind demnach in zwei zueinander senkrechten Richtungen linear polarisiert. Planwellen, die sich in Richtung einer optischen Achse eines optisch anisotropen Mediums fortpflanzen, behalten wegen der Kreisform der Schnittkurven ihren ursprünglichen Polarisationszustand bei.

Legt man durch $\vec{s_0}$, $\vec{A_1}$ und $\vec{s_0}$, $\vec{A_2}$ Ebenen und errichtet in 0 Lote auf ihnen, so gehört jedes Lot zugleich zwei ebenen Zentralschnitten durch die Indikatrix an, nämlich dem zu $\vec{s_0}$ senkrechten elliptischen Schnitt und einem der zu $\vec{A_1}$ und $\vec{A_2}$ senkrechten Kreisschnitte. Daraus ergibt sich, daß die Lote die Indikatrix im Abstand n_Y vom Flächenmittelpunkt 0 schneiden, die beiden Schwingungsrichtungen also die von den Loten gebildeten beiden Winkel halbieren müssen und eine der Schwingungsrichtungen stets in Richtung der durch Wellennormale und spitze Bisektrix definierten Ebene liegt. Diese Ebene heißt Hauptschnitt. Diese Zusammenhänge werden bei der *Fresnel*sche Konstruktion genannten stereographischen Projektion ausgenutzt. (A. J. FRESNEL, franz. Physiker, * 1788 Broglie in der Normandie, † 1827 Ville d'Avray bei Paris.) Man verbindet die Ausstichspunkte der Wellennormale und der optischen Achsen durch Großkreise, zeichnet um den Ausstichspunkt der Wellennormale einen weiteren Großkreis im Abstand 90° und halbiert mit seiner Hilfe die von den zuerst dargestellten Großkreisen gebildeten Winkel. Die Halbierungspunkte sind Ausstichspunkte der Schwingungsrichtungen. Die durch die Halbierungspunkte und den Wellennormalenausstichspunkt gezogenen Großkreise sind Schnittspuren der Schwingungsebenen.

Form, Lage und Größe der optischen Bezugsflächen richten sich nach der Kristallstruktur und der Wellenlänge des verwendeten Lichts.

Optisch anisotrop mit zwei optischen Achsen sind die niedrigsymmetrischen Kristalle. Die Indexfläche ((2.30) und (2.31)) ist eine Fläche sechsten Grades (mit vier Nabelpunkten), die Indikatrix (2.56) ein dreiachsiges Ellipsoid (mit zwei Kreisschnittebenen). Die Flächen sind durch Ungleichheit der drei Haupt-

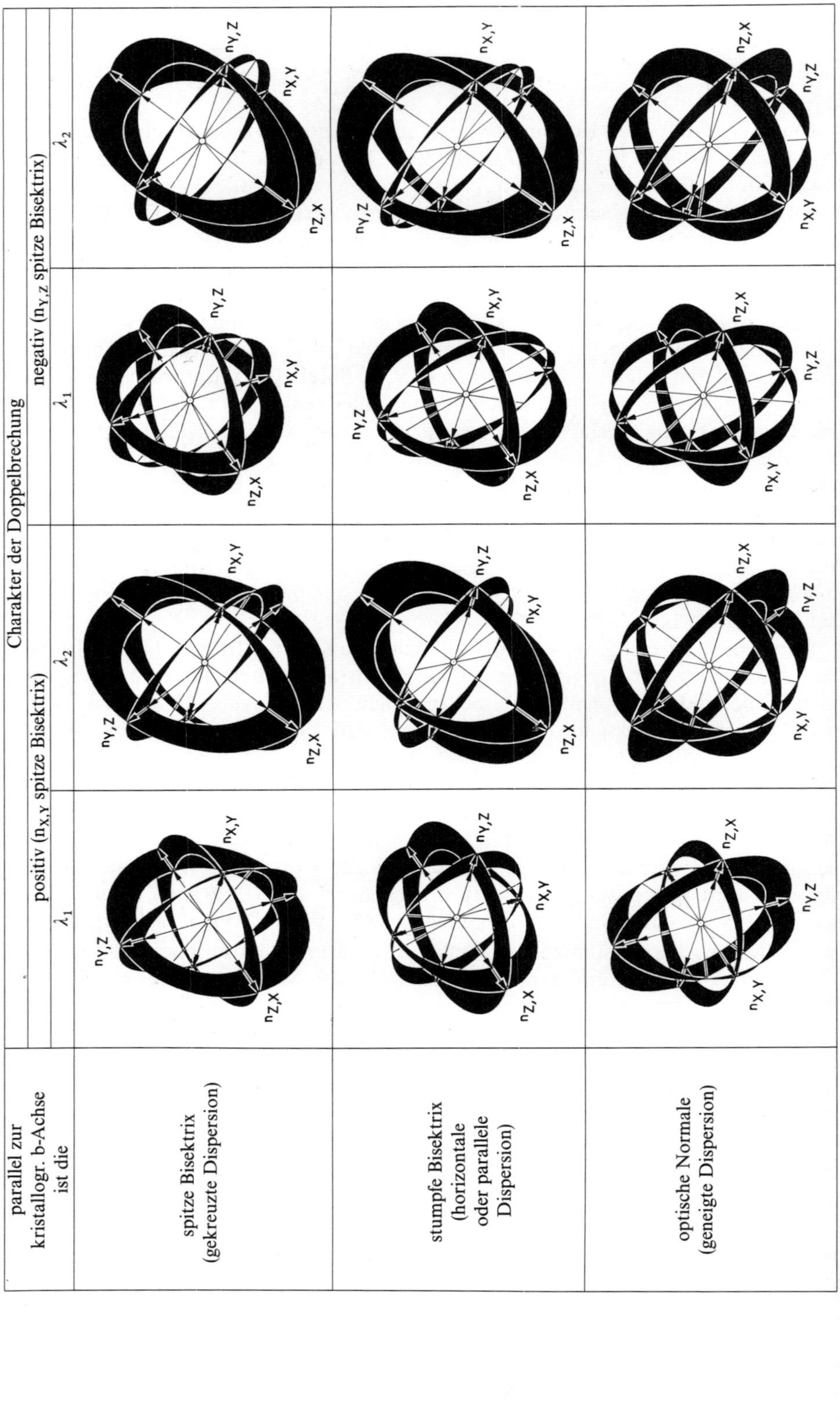

2. Dreidimensionale Lichtausbreitung

parallel zur kristallogr. b-Achse ist die	Charakter der Doppelbrechung			
	positiv ($n_{X,Y}$ spitze Bisektrix)		negativ ($n_{Y,Z}$ spitze Bisektrix)	
	λ_1	λ_2	λ_1	λ_2
spitze Bisektrix (gekreuzte Dispersion)				
stumpfe Bisektrix (horizontale oder parallele Dispersion)				
optische Normale (geneigte Dispersion)				

Abb. 8. Indexflächen monokliner Kristalle und ihre chromatische Dispersion.

2.2. Optische Bezugsflächen

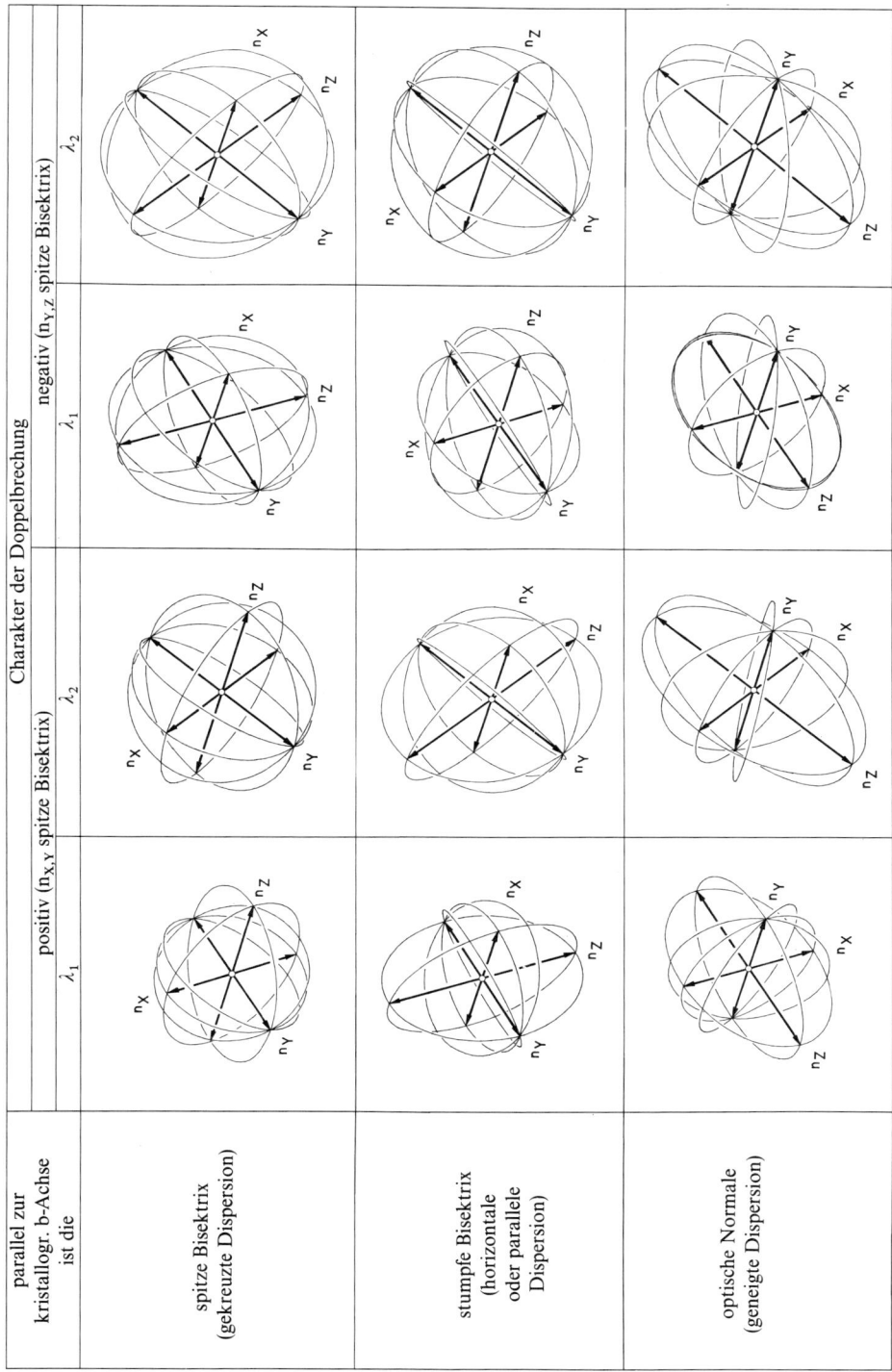

Abb. 9. Indikatrizen monokliner Kristalle und ihre chromatische Dispersion.

2. Dreidimensionale Lichtausbreitung

parallel zur kristallogr. b-Achse ist die	Charakter der Doppelbrechung negativ ($n_{Y,Z}$ spitze Bisektrix)			
	λ_1	λ_2	λ_1	λ_2
spitze Bisektrix				
stumpfe Bisektrix				
optische Normale				

2.2. Optische Bezugsflächen

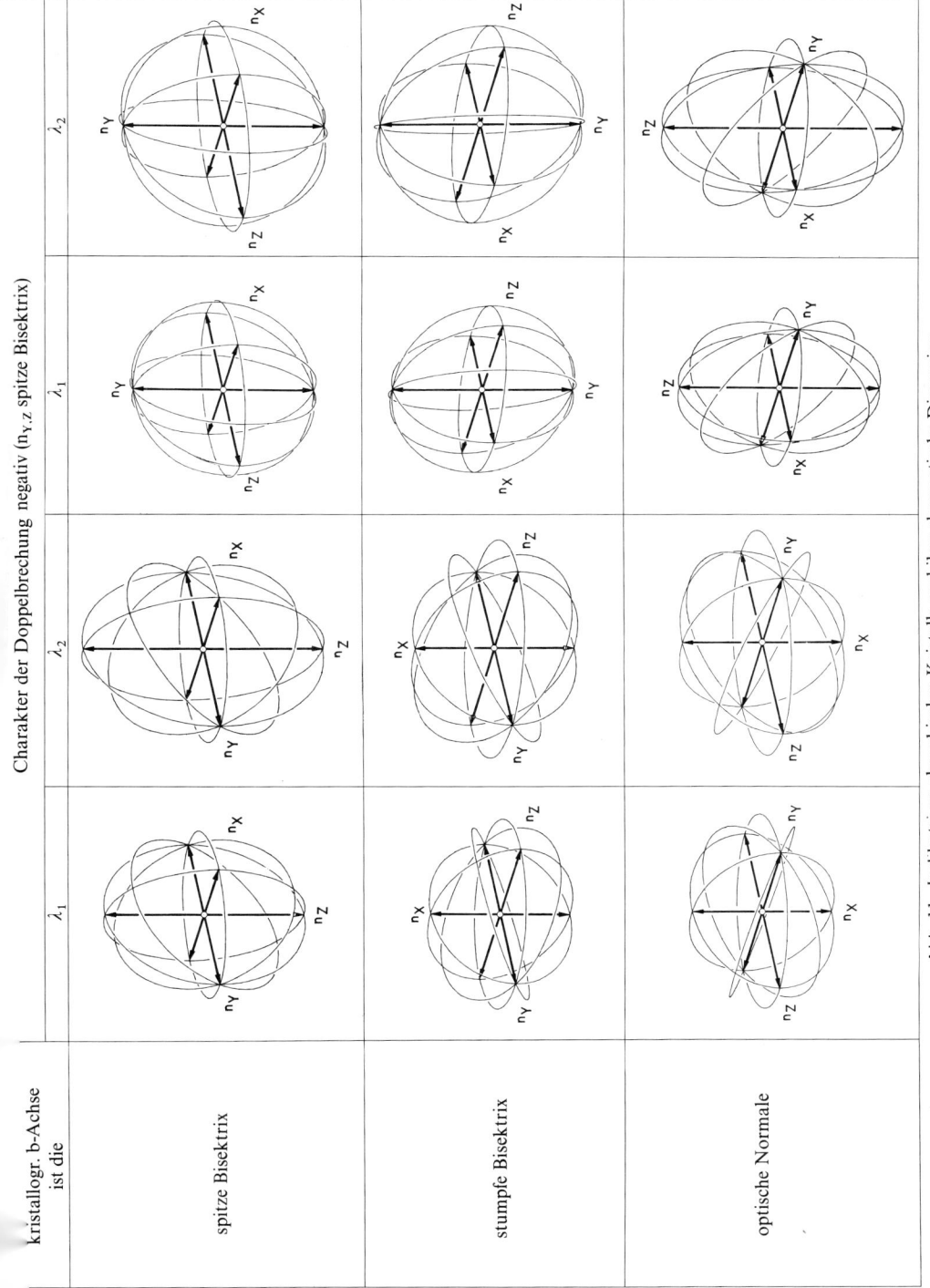

Abb. 11. Indikatrizen rhombischer Kristalle und ihre chromatische Dispersion.

brechungszahlen n_X, n_Y, n_Z gekennzeichnet. Ist $\vec{Z}$ (die Richtung mit den Hauptbrechungszahlen $n_{X,Y}$) spitze Bisektrix, so sagt man, der Kristall sei optisch positiv oder habe positiven Charakter der Doppelbrechung ($+\Delta$). Ist $\vec{X}$ (die Richtung mit den Hauptbrechungszahlen $n_{Y,Z}$) spitze Bisektrix, so heißt es,

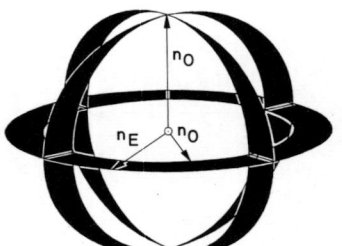 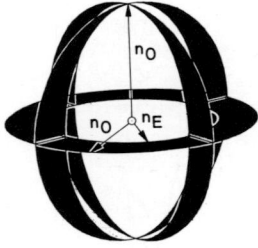

Abb. 12. Indexflächen eines einachsig positiven und eines einachsig negativen Kristalls.

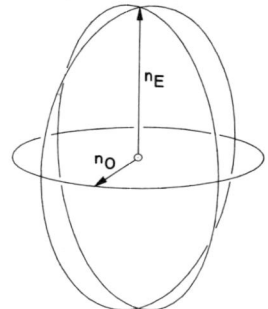 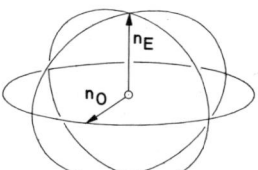

Abb. 13. Indikatrizen eines einachsig positiven und eines einachsig negativen Kristalls.

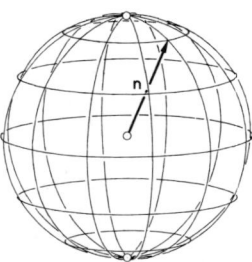

Abb. 14. Indexfläche und Indikatrix bei optischer Isotropie.

der Kristall sei optisch negativ oder habe negativen Charakter der Doppelbrechung ($-\Delta$). Die Lage der Bezugsflächen ist im Falle trikliner Kristalle beliebig, im Falle monokliner Kristalle dadurch beschränkt, daß eine Bezugsflächenhauptachse der kristallographischen b-Achse parallel sein muß und im Falle rhombischer Kristalle dadurch festgelegt, daß alle Bezugsflächenhauptachsen den kristallographischen Achsen parallel sein müssen.

2.2. Optische Bezugsflächen

Optisch anisotrop mit einer optischen Achse sind die wirteligen Kristalle. Die Indexfläche besteht aus einem Rotationsellipsoid und einer Kugel, die sich in zwei Punkten berühren, die Indikatrix hat die Form eines Rotationsellipsoides. Die Flächen lassen sich durch Gleichsetzen zweier der drei Hauptbrechungszahlen, z. B. $n_X = n_Y = n_O$, $n_Z = n_E$ erzeugen. n_E (extraordinaire) ändert sich mit der Richtung, n_O (ordinaire) nicht. Die außerordentliche Welle schwingt parallel, die ordentliche senkrecht zum Hauptschnitt. Ist $n_E - n_O > 0$, so handelt es sich um einen optisch positiven Kristall, ist $n_E - n_O < 0$, um einen optisch negativen. Die Lage der Bezugsflächen ist sowohl bei hexagonalen, rhomboedrischen als auch tetragonalen Kristallen durch Koinzidenz von Rotations- und kristallographischer Hauptachse fixiert.

Optisch isotrop sind die kubischen Kristalle. Die optischen Bezugsflächen sind gleich und gleich einer Kugel vom Radius n.

Die Lage- und Größenänderung der optischen Bezugsflächen (in Abhängigkeit von der Wellenlänge oder der Temperatur) heißt (chromatische oder thermische) Dispersion. Sie wird vor allem bei monoklinen Kristallen zu einer weiteren Unterteilung benutzt.

Abb. 8 zeigt Indexflächen, Abb. 9 Indikatrizen bei monokliner, Abb. 10 Indexflächen, Abb. 11 Indikatrizen bei rhombischer Kristallsymmetrie. Auf Abb. 12 sind Indexflächen, auf Abb. 13 Indikatrizen im Falle optischer Einachsigkeit zu sehen. Die Abb. 14 repräsentiert die im Falle optischer Isotropie gültige Kugel.

3. Mikroskopische Messung der Brechung

Zur mikroskopischen Messung der wichtigsten optischen Konstanten, der Brechungszahlen, steht praktisch ausschließlich der als *Becke*sche Linie bekannte Effekt zur Verfügung. (F. BECKE, böhm. Mineraloge, * 1855 Prag, † 1931 Wien.) Die Linie wird auch heute noch vielfach auf Brechung zurückgeführt, obwohl seit langem Hinweise auf Beugung als Ursache vorliegen.

ARAGO sah 1816 bei der mikroskopischen Betrachtung unregelmäßig gespaltener Glimmer helle Streifen, die FRESNEL zehn Jahre später auf Beugung zurückführte. QUINCKE [12] untersuchte 1867 auf einer optischen Bank keilförmige Kollodium- und Silberpräparate und beschrieb u.a. den Einfluß der Wellenlänge und des Phasenwinkels auf das Beugungsbild. Der erste Satz seiner Arbeit lautet: „Bringt man in den Weg der Lichtstrahlen, die von einem leuchtenden Punkt ausgehen, eine dünne Lamelle eines durchsichtigen Körpers, dessen Brechungsexponent ein anderer als der des umgebenden Mediums ist, so bemerkt man ... in der Nähe ... seiner Gränze eine Reihe von Interferenzstreifen." Die Auswirkung einer Defokussierung wurde erst 1893 von BECKE ([13], [14]) angegeben. Er erkannte durchaus die diagnostische Bedeutung einer solchen Veränderung und beschrieb sie in der heute als 3-*H*-Regel geläufigen, auf die Belange des Praktikers zugeschnittenen Form, daß nämlich die *H*elligkeit beim *H*eben des Tubus ins *h*öher brechende Medium wandert. Auf S. 360 [13] heißt es: „Bei mittlerer Einstellung erscheinen beide Durchschnitte gleich hell und die Grenzebene als eine haarscharfe Linie. Hebt man den Tubus, so entwickelt sich neben der Grenze auf der stärker brechenden Seite eine helle Linie, welche sich bei weiterer Hebung des Tubus von der Grenze zu entfernen scheint, sich verbreitert und schließlich verschwimmt. Senkt man den Tubus, so entwickelt sich dieselbe Erscheinung auf der Seite des schwächer lichtbrechenden Minerales." Noch prägnanter ist eine Stelle auf S. 386 [14]: „Es erscheint also bei einer Hebung (Senkung) des Tubus das stärker (schwächer) lichtbrechende Mineral heller erleuchtet." Die Bezeichnung „*Becke*sche Lichtlinie" wurde 1896 von SALOMON ([15], Anmerkung 2 auf S. 182) vorgeschlagen: „Es möge gestattet sein, diese Linie ihrem Entdecker zu Ehren so zu nennen." Die Bezeichnung setzte sich im deutschsprachigen Schrifttum durch, während in der angelsächsischen Literatur der Ausdruck „central illumination" dominiert.

Mehrere Autoren versuchten, die Bildung der Lichtlinie zu klären. WÜLFING ([4], S. 556) schrieb: „In den neueren Darstellungen aber neigt man zu den Ansichten, daß bei sehr dünnen Präparaten, die erheblich unter Dünnschliffdicke liegen, die Interferenzerscheinungen und bei sehr dicken Präparaten die Totalreflexion und die Brechung eine Rolle spielen, während bei den eigentlichen Dünnschliffen ein komplexes Phänomen auftrete." BURRI ([7], S. 219) meinte: „Bei eingehenderer Untersuchung erweist sich das Phänomen der hellen Linie als sehr komplexer Art, da sowohl Beugungs- wie auch Brechungs- und Totalreflexionserscheinungen an der Grenzfläche der beiden Medien eine Rolle spielen."

Totalreflexion und Brechung als alleinige Ursachen versuchten BECKE und WINCHELL (z. B. [16], S. 71) durch Diskussion von Modellen zu belegen.

Beckes Modell besteht aus einer zum Schliff senkrechten Grenzfläche zweier verschieden stark lichtbrechender Körner, die konvergent beleuchtet werden (s. Abb. 15).

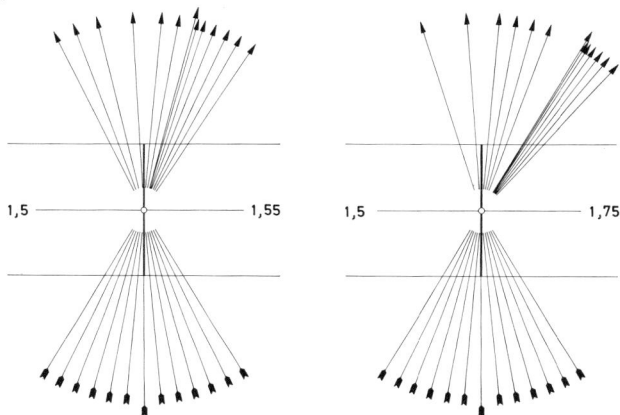

Abb. 15. Modell, das von BECKE eingeführt wurde, um die Entstehung der Lichtlinie zu erklären. Die Zahlen geben das Brechungsvermögen der beiden sich jeweils in der dick ausgezogenen Gerade berührenden Körner an. Die Horizontale zwischen den Zahlen kennzeichnet die Ausgangsstellung der Beobachtung. (BECKE diskutierte den Fall $n_1/n_2 = 1/1,04$, konnte die Brechung beim Ein- und Austritt des Lichts also übergehen. HOTCHKISS [17] verwendete das Verhältnis $n_1/n_2 = 1,5/1,7$ und bezog die Richtungsänderung ein.)

Das aus dem niedriger brechenden Medium kommende Licht wird gebrochen, das aus dem höher brechenden Medium kommende nur bei kleinen Einfallswinkeln gebrochen, bei großen dagegen totalreflektiert, dadurch insgesamt ein schmaler Sektor mit sehr dicht benachbarten Bündeln geschaffen, deren optischer Querschnitt als Linie erscheint. Nach dieser Vorstellung müßte die Linie

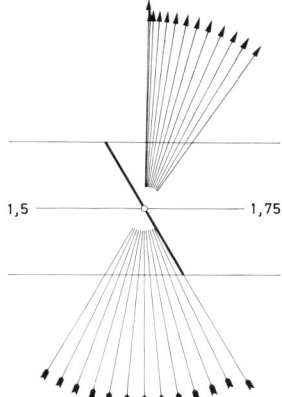

Abb. 16. Modell von BECKE bei schräger Lage der Grenzfläche. Es findet nur Brechung statt.

bei Verwendung von Parallellicht verschwinden und bei schräger (z. B. der auf Abb. 16 gezeigten) Lage der Grenzfläche undeutlicher werden.

WINCHELL betrachtete jedes Korn als Bikonvexlinse, die, in eine Flüssigkeit niedrigeren Brechungsvermögens eingebettet, Konvergenz und, in eine Flüssigkeit höheren Brechungsvermögens eingebettet, Divergenz des zur Beleuchtung benutzten Parallellichts bewirkt (Abb. 17).

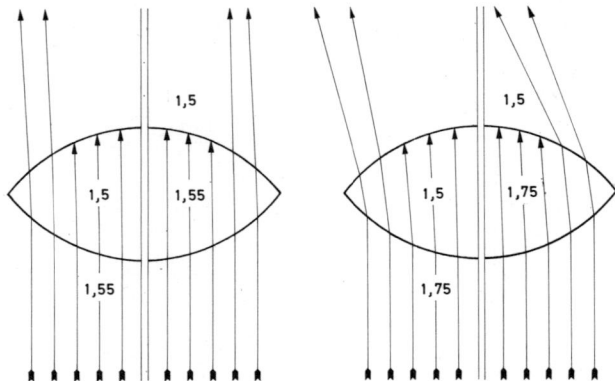

Abb. 17. Modell, mit dem WINCHELL die Lage der „Helligkeit" motivierte. Gezeichnet wurden die Fälle $n_{\text{Korn}} = 1,5$, $n_{\text{Flüss.}} = 1,55$ (1,75) und (durch die Parallelen jeweils in der Linsenmitte getrennt) umgekehrt.

Bei dieser Version kann die Benutzung konvergenten Lichts, wie Abb. 18 erkennen läßt, u. U. sogar zu falschen Informationen führen. Das gleiche gilt auch, wenn die Grenzflächen andere Krümmungsradien oder Lagen haben. Sind die Krümmungsradien unendlich groß, so geht das Modell von WINCHELL in das von BECKE über.

Zwei Befunde führen dazu, die *Becke*sche Linie nicht mehr auf Totalreflexion und Brechung zurückzuführen, sondern als Beugungserscheinung zu deuten.

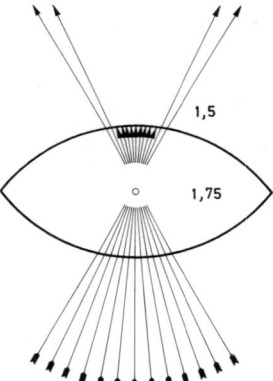

Abb. 18. Modell von WINCHELL bei konvergenter Beleuchtung der Grenzflächen. Die zweimal gebrochenen Bündel divergieren, obwohl das Korn höher bricht als seine Umgebung.

Der erste Befund ist ein theoretischer. Die weitere Erörterung der beiden Modelle ergibt einige Eigenschaften, die allen auf Totalreflexion und Brechung gegründeten Klärungsversuchen gemeinsam sind, die die *Becke*sche Linie aber nicht hat: Sie müßte bei größerer Differenz der Brechungszahlen deutlicher werden und sich in linearer Abhängigkeit von der Tubushebung verschieben als auch verbreitern.

Der zweite Befund ist ein experimenteller. STROHMAIER [18] führte, an QUINCKES Arbeiten anknüpfend, eine „Photometrische Untersuchung der Beugungs- und Abbildungsvorgänge an Phasenobjekten" (Aluminiumoxidhäuten) durch, übertrug aber, im Gegensatz zu QUINCKE, seine physikalischen Ergebnisse unter der Überschrift: „Die Beziehungen zur ‚*Becke*schen Lichtlinie' " auf das mineralogische Problem. „Das Streifensystem...", so heißt es auf S. 24, „das SPANGENBERG... beschreibt, ist nichts anderes als das Beugungsbild der Phasenkante. Das Heben und Senken des Mikroskoptubus über die Einstellebene bedeutet ein Beobachten des Beugungsbildes bei positivem bzw. negativem z. Bei einer kleinen Phasendifferenz δ wechselt ... die Steigung der Intensitätskurve das Vorzeichen und die helle Linie befindet sich je nachdem im Bereich des höheren bzw. niedrigeren Brechungsindex." In einem abschließenden Kapitel (V, s. im besonderen Tafel XXIV) wies STROHMAIER noch darauf hin, daß einige seiner Messungen mit der *Schuster*schen Zonenkonstruktion (Genaueres hierzu s. GREBE [19]) als auch der *Kirchhoff*schen Näherung übereinstimmen. Da es gerade die den Mineralogen interessierenden Aussagen sind, erscheint es gerechtfertigt, sie mit Hilfe der – wohl bekannteren – *Kirchhoff*schen Theorie zu verbinden. (G. R. KIRCHHOFF, deutsch. Physiker, * 1824 Königsberg, † 1887 Berlin.)

Eine Näherung läßt sich nur durchführen, wenn man unendlich dünne und ebene Schichten annimmt, die sich in einer Gerade berühren, d.h., die realen Gegebenheiten in eine mathematisch einfach zu manipulierende Form bringt. Das *Huygens*sche Prinzip besagt nun, daß jeder von einer Kugelwelle getroffene Punkt der von den Schichten erfüllten Ebene als Ausgangspunkt einer neuen Kugelwelle angesehen werden kann, die *Fresnel*sche Ergänzung, daß sich alle diese neuen Kugelwellen unter Berücksichtigung ihrer Phasenlage im Beobachtungs-(auch Auf-)Punkt zu einer bestimmten lichtelektrischen Erregung superponieren. (Chr. HUYGENS, niederl. Jurist, Mathematiker und Physiker, * 1629 Den Haag, † 1695 Den Haag.) Die Aufgabe besteht also darin, eine Beziehung zwischen den Verhältnissen in der beugenden Ebene und einem Punkt P des Raumes anzugeben. Wegen des Prinzips der Superposition muß von der Wirkung der einzelnen Ebenenelemente auf die Gesamtwirkung im Raumpunkt geschlossen, d.h. integriert werden. Wegen der Berücksichtigung der Phasenlage muß die Entfernung zwischen Ebenenelementen und Raumpunkt in die Integration einbezogen werden. Eine geeignete Beziehung ist der *Green*sche Satz:

$$\int \operatorname{div}(u \operatorname{grad} w - w \operatorname{grad} u) dV = \oint (u \operatorname{grad} w - w \operatorname{grad} u) \overline{dF}. \qquad (3.1)$$

Er bietet den Vorteil, zwei Funktionen u und w zu enthalten, über die wegen:

$$\operatorname{div}(u \operatorname{grad} w - w \operatorname{grad} u) = u \Delta w - w \Delta u,$$

$$u(\Delta w + k^2 w) - w(\Delta u + k^2 u) = 0$$

durch Einsetzen der beiden (in den Klammern stehenden) Wellengleichungen – zunächst allgemein – so verfügt werden kann, daß das Integral über das (der Theorie zufolge bis auf den Beobachtungspunkt nicht benötigte) Volumen verschwindet.

Die in dem letzten Ausdruck enthaltene Funktion w muß lediglich der Wellengleichung genügen. KIRCHHOFF verwendete den Ansatz:

$$w = e^{+ikr}/r. \tag{3.2}$$

Damit ergibt sich auf der linken Seite von (3.1):

$$\text{div}(u \,\text{grad}\, w) = u(\partial^2 w/\partial x^2) + (\partial u/\partial x)(\partial w/\partial x) + u(\partial^2 w/\partial y^2)$$
$$+ (\partial u/\partial y)(\partial w/\partial y) + u(\partial^2 w/\partial z^2) + (\partial u/\partial z)(\partial w/\partial z)$$

z. B.:

$$\partial(e^{+ikr}/r)/\partial x = -e^{+ikr}(1/r^2 - ik/r)(\partial r/\partial x),$$
$$\partial r/\partial x = \partial\sqrt{x^2+y^2+z^2}/\partial x = x/r = r_{0x},$$

r_{0x} x-Komponente des Einheitsvektors $\vec{r}_0$ von $\vec{r}$,

$$\partial(e^{+ikr}/r)/\partial x = -r_{0x} e^{+ikr}(1/r^2 - ik/r). \tag{3.3}$$

Da $r=0$ auf $\partial w/\partial x = \infty$ führt, die linke Seite von (3.1) aber nur bei Endlichkeit von $\partial w/\partial x$ integrierbar ist, muß man den $r=0$ entsprechenden Punkt P aus dem Volumen V aus- und in eine Kugel von unendlich kleinem Radius einschließen. Das Volumen der unendlich kleinen Kugel braucht nicht subtrahiert werden. Die Oberfläche der unendlich kleinen Kugel muß dagegen addiert werden, um den Beobachtungspunkt P einzubeziehen. (3.2) liefert demnach:

$$\oint \{u \,\text{grad}(e^{+ikr}/r) - (e^{+ikr}/r)\,\text{grad}\, u\}\,\overrightarrow{dF}$$
$$+ \oint_{P} \{u \,\text{grad}(e^{+ikr}/r) - (e^{+ikr}/r)\,\text{grad}\, u\}\,\overrightarrow{dF} = 0, \tag{3.4}$$

P Oberfläche der unendlich kleinen Kugel,

damit die gewollten Verhältnisse. Das zweite Integral von (3.4) läßt sich leicht berechnen.

Zur Angabe des ersten Gliedes entnimmt man aus (3.4) und (3.3):

$$\oint_{P} u \,\text{grad}(e^{+ikr}/r)\,\overrightarrow{dF} = \oint_{P} u e^{+ikr}(1/r^2 - ik/r)(-\vec{r}_0)\,\overrightarrow{dF}. \tag{3.5}$$

Mit:

$$\overrightarrow{dF} = r^2(-\vec{n}_0)\sin\vartheta\, d\vartheta\, d\varphi$$

wird daraus:

$$\oint_{P} u \,\text{grad}(e^{+ikr}/r)\,\overrightarrow{dF} = \oint_{P} u e^{+ikr} r^2 (1/r^2 - ik/r)\sin\vartheta\, d\vartheta\, d\varphi (-\vec{r}_0, -\vec{n}_0).$$

Für $r \to 0$ ergibt sich:

$$e^{+ikr} = r^2(1/r^2 - ik/r) = (-\vec{r}_0, -\vec{n}_0) = 1$$

und also, wenn der in P vorhandene Wert von u noch als u_P gekennzeichnet wird:

$$\oint_{P} u \,\text{grad}(e^{+ikr}/r)\,\overrightarrow{dF} = u_P \oint_{P} \sin\vartheta\, d\vartheta\, d\varphi. \tag{3.6}$$

Rechts steht jetzt das Integral über die Einheitskugel. Sein Wert ist 4π.

3. Mikroskopische Messung der Brechung

Das zweite Glied des zweiten Integrals von (3.4):

$$\oint_{\mathcal{P}} (e^{+ikr}/r)\operatorname{grad} u\, d\vec{F} = \oint_{\mathcal{P}} (e^{+ikr}/r) r^2 \sin\vartheta\, d\vartheta\, d\varphi (\operatorname{grad} u, -\vec{n}_0) \qquad (3.7)$$

verschwindet offenbar für $r \to 0$.

(3.4), (3.6) und (3.7) liefern die sog. *Kirchhoff*sche (im angelsächsischen Sprachbereich auch *Helmholtz*sche) Formel:

$$u_P = (1/4\pi)\oint \{(e^{+ikr}/r)\operatorname{grad} u - u\operatorname{grad}(e^{+ikr}/r)\}\, \overrightarrow{dF}. \qquad (3.8)$$

Man kann nun die geschlossene Oberfläche F in die beugende Ebene und eine ins Unendliche zu schiebende Halbkugel zerlegen. Die gesuchte Welle u verschwindet zu jedem endlichen Zeitpunkt auf der im Unendlichen gelegenen Halbkugel, da die Welle in endlich langer Zeit nur einen endlich weiten Weg von der Lichtquelle aus zurückgelegt, die Kugel also noch nicht erreicht haben kann. Nun läßt sich die Beugungsebene ihrerseits in einen lichtdurchlässigen Teil F_d und einen lichtundurchlässigen Teil F_u zerlegen. Man kann z. B. annehmen, daß u in F_d gleich einer ebenen Welle und in F_u gleich null sei. Über die Werte von $\operatorname{grad} u$ in der beugenden Ebene kann man dann nicht mehr frei verfügen, da sie durch die Wellengleichung und die Werte für u bestimmt sind. Um sich aber von den zunächst ja unbekannten Werten für $\operatorname{grad} u$ in (3.8) zu befreien, ersetzt man nach SOMMERFELD ([1], S. 181) die Funktion w (vgl. (3.2)) durch eine andere w_D:

$$w_D = e^{+ikr}/r - e^{+ikr'}/r'. \qquad (3.9)$$

Darin ist $r = PQ$ und $r' = P'Q$, Q ein beliebiger Punkt und P' der Spiegelungspunkt von P in bezug auf die beugende Ebene. Mit (3.9) geht (3.8) in:

$$u_P = -(1/4\pi)\int_{F_d} u\operatorname{grad}(e^{+ikr}/r - e^{+ikr'}/r')\, d\vec{F}_d \qquad (3.10)$$

über. Mit (3.5) sowie:

$$(\vec{r}_0, d\vec{F}_D) = -(\vec{r}_0', d\vec{F}_D) = \cos(\vec{r}_0, \vec{n}_0)\, dF_D,$$

$\vec{n}_0$ Einheitsvektor in Richtung der Normale des Flächenelements dF_D, wird der in (3.10) vorkommende Gradient zu:

$$\operatorname{grad}(e^{+ikr}/r - e^{+ikr'}/r')\, d\vec{F}_d = 2e^{+ikr}(1/r^2 - ik/r)\cos(\vec{r}_0, \vec{n}_0)\, dF_D.$$

Da der Abstand des Punktes P von F groß ist im Vergleich zur Wellenlänge λ der benutzten Lichtart, kann man noch:

$$1/r^2 - ik/r = (1/r^2)(1 - ikr) = (1/r^2)(1 - i2\pi r/\lambda) \approx -i2\pi/r\lambda$$

setzen und erhält statt (3.10):

$$-i\lambda u_P = \int_{F_d} u(e^{+ikr}/r)\cos(\vec{r}_0, \vec{n}_0)\, dF_D. \qquad (3.11)$$

Diese Formel ermöglicht die Angabe der im Aufpunkt P vorhandenen Intensität $I = u_P \hat{u}_P$ in Abhängigkeit von der Wellenlänge λ in einer dem *Huygens*schen Prinzip entsprechenden Weise: Die Kugelwellen e^{+ikr}/r werden unter Berücksichtigung ihrer durch r gegebenen Phasenlage sowie ihrer auf dem

Schirm vorhandenen Amplituden u gemäß dem *Lambert*schen Gesetz $\cos(\vec{r}_0,\vec{n}_0)$ superponiert.

Da ferner (vgl. Abb. 19):

$$r = \sqrt{(x-\xi)^2 + (y-\eta)^2 + \zeta^2}$$

gilt und x, y, ξ, η klein sind gegen ζ, kann man unter Verwendung der binomischen Reihe:

$$r \approx \zeta + (x-\xi)^2/2\zeta + (y-\eta)^2/2\zeta$$

schreiben, $\vec{r}$ durch ein mittleres $\bar{\vec{r}}$ ersetzen, demgemäß in (3.11) $\cos(\vec{r}_0,\vec{n}_0)$ gegen $\cos(\bar{\vec{r}}_0,\vec{n}_0) = \zeta/\bar{r}$ austauschen und diesen sich nur langsam verändernden Ausdruck vor das Integralzeichen ziehen:

$$-i\lambda u_P = (\zeta/\bar{r}^2) \int_{F_d} u e^{+ikr} dF_d. \tag{3.12}$$

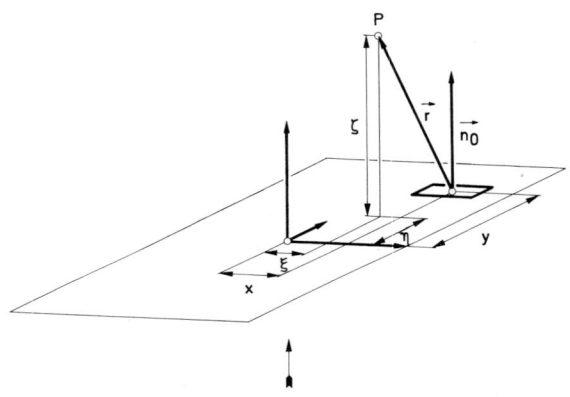

Abb. 19. Lage einzelner Vektoren bei Beugung an einer rechteckigen Öffnung.

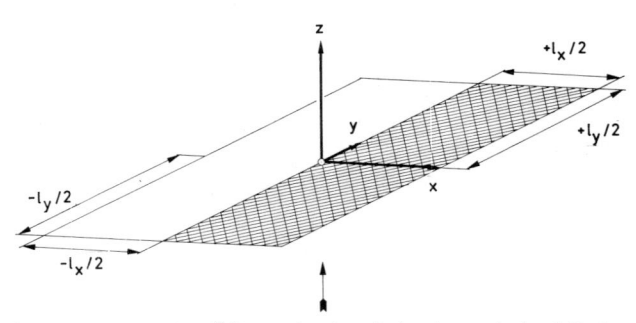

Abb. 20. Aufteilung der beugenden Öffnung in eine (frei gelassene) durchlässige und eine (kreuzschraffierte) halbdurchlässige Hälfte.

Zur Berechnung der *Fresnel*schen Beugung an einer halbdurchlässigen Halbebene wird das in Abb. 19 dargestellte kleine Rechteck (s. Abb. 20) in y-Richtung geteilt, die negativen x-Werten entsprechende Hälfte als materiefrei und die positiven x-Werten entsprechende Hälfte als materieerfüllt angesehen. Außerdem wird sehr große Entfernung der Lichtquelle, damit Ebenheit der Wellen angenommen. Die materiefreie Hälfte beeinflusse das Licht nicht, die materie-

3. Mikroskopische Messung der Brechung

erfüllte verschiebe seine Phase um den Winkel δ. Man hat demnach – ohne Beugung – folgende Verhältnisse:

Grenzen der Flächenhälften		Gleichungen der ebenen Wellen	
x	y	$z \neq 0$	$z = 0$
$-l_x/2 \leq x \leq 0$	$-l_y/2 \leq y \leq +l_y/2$	$u = e^{+ikz}$	$u = 1$
$0 \leq x \leq +l_x/2$		$u = e^{+i\delta} e^{+ikz}$	$u = e^{+i\delta}$

Durch Einsetzen der vorbezeichneten Grenzen und der (s. o.) im Falle $z=0$ gültigen Gleichungen in (3.12) ergibt sich:

$$-i\lambda u_P = (\zeta/\bar{r}^2) \left[\int_{-l_x/2}^{0} \int_{-l_y/2}^{+l_y/2} e^{+ik\{\zeta+(x-\xi)^2/2\zeta+(y-\eta)^2/2\zeta\}} dx\,dy \right.$$

$$\left. + \int_{0}^{+l_x/2} \int_{-l_y/2}^{+l_y/2} e^{+i\delta} e^{+ik\{\zeta+(x-\xi)^2/2\zeta+(y-\eta)^2/2\zeta\}} dx\,dy \right],$$

$$-i\lambda u_P = (\zeta/\bar{r}^2) e^{+ik\zeta} \int_{-l_y/2}^{+l_y/2} e^{+ik(y-\eta)^2/2\zeta} dy$$

$$\cdot \left\{ \int_{-l_x/2}^{0} e^{+ik(x-\xi)^2/2\zeta} dx + e^{+i\delta} \int_{0}^{+l_x/2} e^{+ik(x-\xi)^2/2\zeta} dx \right\}. \qquad (3.13)$$

(3.13) enthält drei *Fresnel*sche Integrale, die der Reihe nach mit Y_0, M_0, N_0 abgekürzt und zur Lösung mit anderen Integrationsgrenzen versehen werden. Im Falle des Integrals Y_0 benutzt man (vgl. (2.17)) $k = \omega/v = 2\pi/\lambda$, um:

$$\sqrt{k(y-\eta)^2/2|\zeta|} = \sqrt{\pi/2}\sqrt{2/|\zeta|\lambda}(y-\eta) = \sqrt{\pi/2}\,Y$$

einzuführen und:

$$y_1 = -l_y/2 \quad \text{durch} \quad Y_1 = \sqrt{2/|\zeta|\lambda}(-l_y/2 - \eta),$$
$$y_2 = +l_y/2 \quad \text{durch} \quad Y_2 = \sqrt{2/|\zeta|\lambda}(+l_y/2 - \eta)$$

zu ersetzen. Wegen:

$$dy = \sqrt{|\zeta|\lambda/2}\,dY$$

wird:

$$Y_0 = \sqrt{|\zeta|\lambda/2} \int_{Y_1}^{Y_2} e^{\mp i(\pi/2)Y^2} dY. \qquad (3.14)$$

Dabei gilt das obere Vorzeichen für negative, das untere für positive Werte von ζ. Entsprechend findet man in den anderen beiden Fällen:

$$x_1 = -l_x/2 \rightarrow M_1 = \sqrt{2/|\zeta|\lambda}(-l_x/2 - \xi), \quad \bigg| \quad x_1 = 0 \rightarrow N_1 = -\sqrt{2/|\zeta|\lambda}\,\xi,$$

$$x_2 = 0 \rightarrow M_2 = -\sqrt{2/|\zeta|\lambda}\,\xi, \quad \bigg| \quad x_2 = +l_x/2 \rightarrow N_2 = \sqrt{2/|\zeta|\lambda}(+l_x/2 - \xi),$$

$$dx = \sqrt{|\zeta|\lambda/2}\,dM, \quad \bigg| \quad dx = \sqrt{|\zeta|\lambda/2}\,dN,$$

$$M_0 = \sqrt{|\zeta|\lambda/2} \int_{M_1}^{M_2} e^{\mp i(\pi/2)M^2} dM; \quad \bigg| \quad N_0 = \sqrt{|\zeta|\lambda/2} \int_{N_1}^{N_2} e^{\mp i(\pi/2)N^2} dN.$$

$$(3.15)$$

Läßt man nun sowohl l_y als auch l_x gegen ∞ gehen, so wird nach LAPLACE in (3.14):

$$\int_{-\infty}^{+\infty} e^{\mp i(\pi/2)Y^2} dY = \int_{-\infty}^{0} e^{\mp i(\pi/2)Y^2} dY + \int_{0}^{+\infty} e^{\mp i(\pi/2)Y^2} dY = 1 \mp i,$$

$$1 \mp i = \sqrt{2}\{\cos(\pi/4) \mp i\sin(\pi/4)\} = \sqrt{2} e^{\mp i(\pi/4)},$$

$$\int_{-\infty}^{+\infty} e^{\mp i(\pi/2)Y^2} dY = \sqrt{2} e^{\mp i(\pi/4)},$$

und in (3.15):

$$\int_{-\sqrt{2/|\zeta|\lambda}\xi}^{+\infty} e^{\mp i(\pi/2)N^2} dN = \int_{-\infty}^{+\infty} \cdots - \int_{-\infty}^{-\sqrt{2/|\zeta|\lambda}\xi} \cdots = \sqrt{2} e^{\mp i(\pi/4)} - \int_{-\infty}^{-\sqrt{2/|\zeta|\lambda}\xi} e^{\mp i(\pi/2)N^2} dN, \quad (3.16)$$

insgesamt also, mit $dM = dN = dX$:

$$-i u_P = (\zeta^2/\sqrt{2}\bar{r}^2) e^{+ik\zeta} e^{\mp i(\pi/4)} \left\{ \sqrt{2} e^{+i\delta} e^{\mp i(\pi/4)} + (1 - e^{+i\delta}) \int_{-\infty}^{-\sqrt{2/|\zeta|\lambda}\xi} e^{\mp i(\pi/2)X^2} dX \right\}.$$

Schließlich wird:

$$1/i = 1/\{\cos(\pi/2) + i\sin(\pi/2)\} = e^{-i(\pi/2)}$$

sowie:

$$e^{+i(\pi/2)} e^{+i(\pi/4)} = e^{+i(3\pi/4)} = -e^{-i(\pi/4)}$$

gesetzt und durch Beschränkung der Betrachtung auf den grenznahen Bereich, in dem:

$$\zeta \approx \bar{r}$$

ist, $\zeta/\bar{r}$ beseitigt, mit dem Ergebnis:

$$u_P = \pm e^{+ik\zeta} \left[e^{+i\delta} + (1 - e^{+i\delta})\{e^{\pm i(\pi/4)}/\sqrt{2}\} \int_{+\sqrt{2/|\zeta|\lambda}\xi}^{+\infty} e^{\mp i(\pi/2)X^2} dX \right]. \quad (3.17)$$

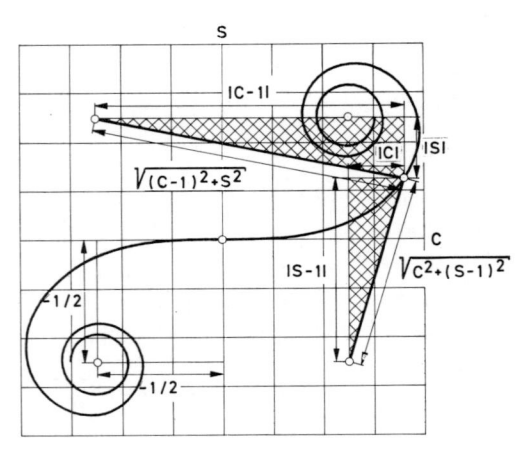

Abb. 21. Ermittlung der sich in den Fällen $\delta = \pi/2$; $3\pi/2$ ergebenden Ausdrücke $I_{\pi/2} = (u_P \hat{u}_P)_{\pi/2} = (C-1)^2 + S^2$ und $I_{3\pi/2} = (u_P \hat{u}_P)_{3\pi/2} = C^2 + (S-1)^2$ durch pythagoräische Addition in einer *Cornu*-Spirale.

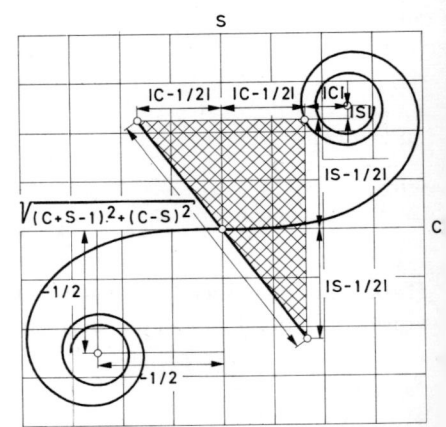

Abb. 22. Ermittlung des im Falle $\delta = \pi$ resultierenden Ausdrucks $I_\pi = (u_P \hat{u}_P)_\pi = (C+S-1)^2 + (C-S)^2$ durch pythagoräische Addition in einer *Cornu*-Spirale.

(3.17) braucht nur noch mit seinem konjugiert komplexen Wert multipliziert zu werden, um die gesuchte Intensität in Abhängigkeit vom Ort (ξ, ζ) herauszufinden.

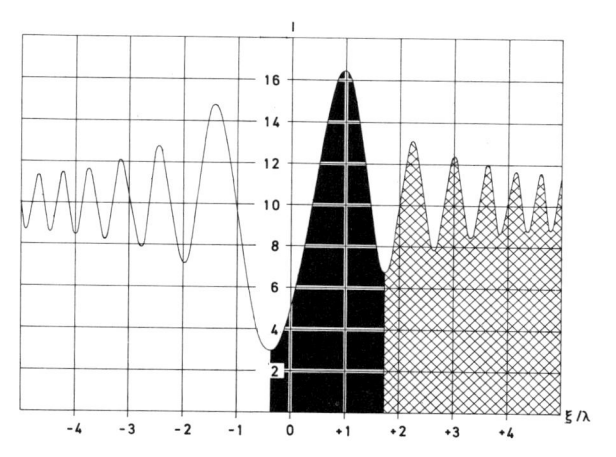

Abb. 23. $I = f(\xi/\lambda)$ im Falle $\delta = \pi/2$. Das Intensitätsmaximum liegt über der (durch Schraffur angedeuteten) materieerfüllten Hälfte.

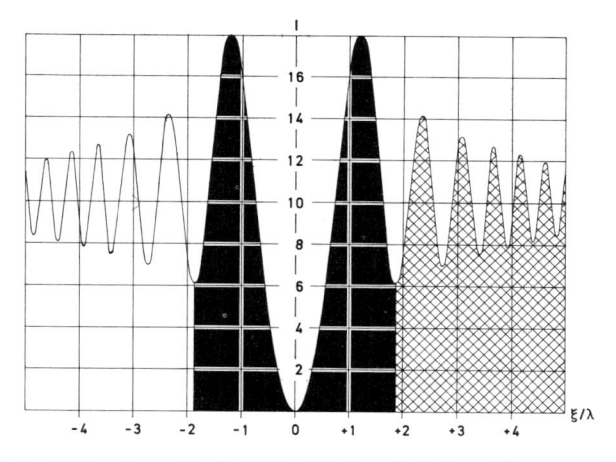

Abb. 24. $I = f(\xi/\lambda)$ im Falle $\delta = \pi$. Zwei gleiche Maxima befinden sich symmetrisch zur Grenze zwischen dem (links liegenden) materiefreien und dem (rechts zu denkenden) materieerfüllten Teil.

Die Rechnung gestaltet sich am einfachsten, wenn man $\zeta = 2\lambda$ und $\delta = \pi/2$, π, $3\pi/2$ setzt. Mit diesem Wert von ζ ergibt sich als untere Integralgrenze ξ/λ. Zur numerischen Angabe des Integrals eignen sich die Tabellen von JAHNKE, EMDE, LÖSCH [20] und *Cornu*-Spiralen. Da aber bei beiden als obere Grenze die Null verwendet wird, muß man gemäß:

$$\int_{\xi/\lambda}^{+\infty} \cdots = C + iS$$

(C Real-, iS Imaginärteil) und:

$$C + C_{\text{JEL}} = \int\limits_{\xi/\lambda}^{+\infty} \cdots + \int\limits_{0}^{\xi/\lambda} \cdots = \int\limits_{0}^{+\infty} \cdots = \tfrac{1}{2}$$

die entnommenen Werte jeweils von $\tfrac{1}{2}$ abziehen. Die Abb. 21 und 22 veranschaulichen die graphische Auswertung.

Die Ergebnisse sind aus den Abb. 23 bis 25 zu ersehen.

Diese Abbildungen lassen folgende Schlüsse zu:
1. Die „Linie" befindet sich nur dann auf der Seite des höher brechenden Mediums, wenn $\delta < \pi$ ist.
2. Die Intensitätsverläufe bei $\delta = \pi/2$ und $\delta = 3\pi/2$ sind in bezug auf die I-Achse spiegelbildlich gleich.

Der erste Schluß legt die Frage nahe, welche Phasendifferenz zwischen den beiden Wellen man zu erwarten hat. Zur Beantwortung dieser Frage werde nochmals eine *Cornu*-Spirale betrachtet, auf der aber die Nullpunktsabstände abgetragen wurden (Abb. 26).

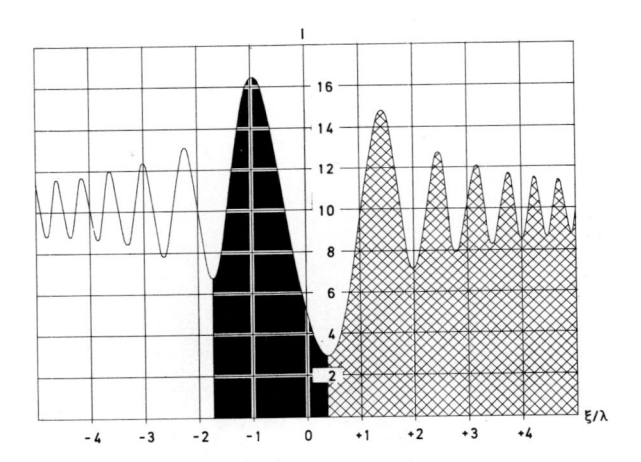

Abb. 25. $I = f(\xi/\lambda)$ im Falle $\delta = 3\pi/2$. Das Intensitätsmaximum liegt über der (negativen ξ-Werten entsprechenden) materiefreien Hälfte.

Man erkennt, daß sich die Werte von C und iS nur unwesentlich ändern, wenn man statt ∞ z. B. 3, das Ende des gezeichneten Teils der Spirale oder 1, ihren in C-Richtung zentrumfernsten Punkt als obere Grenze der Integration verwendet. $\xi/\lambda = 3$ oder 1 aber bedeutet: Es tragen nur diejenigen Flächenelemente in nennenswertem Maße zur Herausbildung der Linie bei, die weniger als drei Wellenlängen von der Grenze entfernt sind oder innerhalb eines 1λ breiten Streifens liegen. Die Phasendifferenz wird demnach im allgemeinen $< \pi/2$ sein und nur in Sonderfällen darüber hinausgehen. Die wohl bekannteste Ausnahme stellt ein Flußspatwürfel dar, der z. B. in einem Granitdünnschliff als Quadrat erscheint, also genau auf einer Hexaederfläche liegt und folglich mit seiner gesamten Dicke wirkt. Eine weitere Ausnahme tritt bei Einbettungsflüssigkeiten auf, im besonderen solchen, die ein großes Brechungszahlintervall decken. Bei Eingabelungsverfahren, der stufenweisen Annäherung an das Brechungsvermögen des Prüflings durch Immersion in Medien mit immer näher liegendem n, kann man u. U. einmal in die falsche Richtung gewiesen werden. Bei Variationsmethoden, der kontinuierlichen, durch Wellenlängen- oder Temperaturänderung bewirkten Angleichung des Einbettungsmittels an das Brechungsvermögen des Prüflings, ist es durchaus möglich, daß seine Konturen mehrmals verschwinden. Dies ist z. B. bei Chrysotilasbest der Fall, der mit Na_D-Licht beleuchtet und in α-Monochlornaphthalin eingebettet auf Temperaturen zwischen 20 und 50°C erwärmt wird.

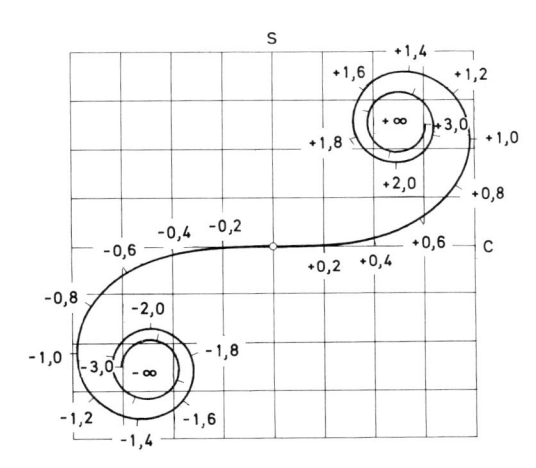

Abb. 26. *Cornu*-Spirale, in Nullpunktsabständen gradiert. Die Spirale endet beiderseits im Unendlichen.

Man sieht ferner, daß die *Becke*sche Linie schärfer herauskommt, wenn die vorkommenden Phasendifferenzen δ in einem kleinen Bereich liegen, d. h. näherungsweise paralleles Licht auf eine möglichst ebene Fläche von geringer Neigung zur Bündelachse fällt.

Die Gesetzmäßigkeit, nach der sich die Linie beim Heben des Tubus (d. h. bei ζ-Änderung) verschiebt, ergibt sich aus der Diskussion der unteren Grenze:

$$\sqrt{2/|\zeta|\lambda}\,\xi = \text{konst.}$$

des Integrals von (3.17). Die Gleichung stellt eine Parabel mit ζ als Achse dar. Die den Mittelpunktsabstand des Hauptmaximums bzw. des ersten Nebenmaximums repräsentierende Konstante hat (vgl. Abb. 23) auf der materieerfüllten Seite den Wert 1 und ist auf der freien Hälfte ungefähr gleich $\sqrt{2}$. Damit erhält man (s. Abb. 27):

$$\sqrt{2/|\zeta|\lambda}\,\xi = \sqrt{2}, \qquad \sqrt{2/|\zeta|\lambda}\,\xi = 1,$$
$$(\xi/\lambda)^2 = |\zeta|/\lambda, \qquad 2(\xi/\lambda)^2 = |\zeta|/\lambda.$$

Wie man sieht, verläuft die über dem materieerfüllten Teil liegende Parabel erheblich steiler. Bei größeren ζ-Werten dehnt sich das Intensitätsprofil in ξ-Richtung immer mehr aus, und zwar in der negativen Richtung wesentlich stärker als in der positiven, so daß der Eindruck einer Linie über der materieerfüllten Seite nicht nur augenfälliger entsteht, sondern auch länger deutlich bleibt.

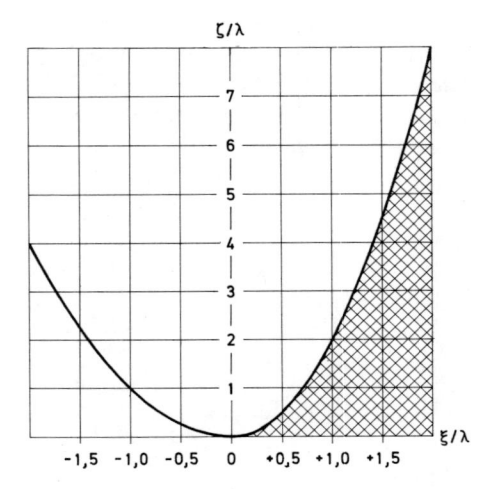

Abb. 27. Parabeläste, auf denen das im Fall $\delta = \pi/2$ über der materieerfüllten Seite liegende Hauptmaximum und das über der freien Hälfte befindliche erste Nebenmaximum bei Tubushebung wandern. Die Schraffur zwischen Abszisse und Kurve deutet wie auf den Abb. 23 bis 25 den „halbdurchlässigen" Bereich an.

Die Tatsache, daß die Linie beim Senken des Tubus in das niedriger brechende Medium wandert, läßt sich aus (3.17) ablesen.

Mit positivem ξ und ζ liefert (3.17) (untere Vorzeichen):

$$u_P = -e^{+ik\zeta}\left[e^{+i\delta} + (1-e^{+i\delta})\{e^{-i(\pi/4)}/\sqrt{2}\}\int_{\sqrt{2/|\zeta|\lambda}\xi}^{+\infty} e^{+i(\pi/2)X^2}dX\right],$$

$$u_P = -e^{+ik\zeta}e^{+i\delta}\left[1 - (1-e^{-i\delta})\{e^{-i(\pi/4)}/\sqrt{2}\}\int_{\sqrt{2/|\zeta|\lambda}\xi}^{+\infty} e^{+i(\pi/2)X^2}dX\right]. \quad (3.18)$$

Mit negativem ξ und ζ ergibt (3.17) (obere Vorzeichen):

$$u_P = +e^{-ik\zeta}\left[e^{+i\delta} + (1-e^{+i\delta})\{e^{+i(\pi/4)}/\sqrt{2}\}\int_{-\sqrt{2/|\zeta|\lambda}\xi}^{+\infty} e^{-i(\pi/2)X^2}dX\right]$$

und mit (3,16):

$$\int_{-\sqrt{2/|\zeta|\lambda}\xi}^{+\infty} e^{-i(\pi/2)X^2}dX = \sqrt{2}e^{-i(\pi/4)} - \int_{-\infty}^{-\sqrt{2/|\zeta|\lambda}\xi} e^{-i(\pi/2)X^2}dX$$

$$= \sqrt{2}e^{-i(\pi/4)} - \int_{\sqrt{2/|\zeta|\lambda}\xi}^{+\infty} e^{-i(\pi/2)X^2}dX$$

den Ausdruck:

$$u_P = +e^{-ik\zeta}\left[e^{+i\delta}+(1-e^{+i\delta})\left\{1-(e^{+i(\pi/4)}/\sqrt{2})\int_{\sqrt{2/|\zeta|\lambda}\xi}^{+\infty}e^{-i(\pi/2)X^2}dX\right\}\right],$$

$$u_P = +e^{-ik\zeta}\left[1-(1-e^{+i\delta})\{e^{+i(\pi/4)}/\sqrt{2}\}\int_{\sqrt{2/|\zeta|\lambda}\xi}^{+\infty}e^{-i(\pi/2)X^2}dX\right]. \quad (3.19)$$

Die geschweiften Klammern von (3.18) und (3.19) aber sind konjugiert komplex, die gleichzeitige Vorzeichenänderung von ξ und ζ ändert also nichts an der Intensität.

4. Zusammensetzung von Planwellen

Zwei Wellen, die aus demselben Ursprung stammen, dieselbe Wellenlänge und dieselbe Fortpflanzungsrichtung haben, setzen sich zu einer Resultierenden zusammen.

Es werde erstens der als Interferenz bezeichnete Fall betrachtet, daß die beiden Wellen gegeneinander phasenverschoben sind und dieselbe Schwingungsrichtung haben. Dieser Fall ist gegeben, wenn das Licht nach Passieren einer optisch anisotropen Kristallplatte in ein Polarisationsfilter übertritt. Es seien:

$$\vec{a_{\|1}} = A_{\|1} e^{-i\omega(t-t_0)},$$
$$\vec{a_{\|2}} = A_{\|2} e^{-i\omega t}$$

die Gleichungen der beiden Wellen bei festem Ort $\vec{r}$ und $A_\|$, $A_{\|1}$, $A_{\|2} \geq 0$. Dann ist:

$$\vec{a_\|} = \vec{a_{\|1}} + \vec{a_{\|2}} = (A_{\|1} e^{+i\omega t_0} + A_{\|2}) e^{-i\omega t} = A_\| e^{+i\varphi_\|} e^{-i\omega t}.$$

Da die Schwingungsrichtungen der Wellen einander parallel sind, kann man sie in ein und derselben komplexen Zahlenebene (Abb. 28) darstellen. Man findet für $A_\|$ und $\varphi_\|$:

$$A_\| = \sqrt{\{A_{\|1}\cos(\omega t_0)+A_{\|2}\}^2+\{+A_{\|1}\sin(\omega t_0)\}^2},$$
$$A_\| = \sqrt{A_{\|1}^2 + 2A_{\|1}A_{\|2}\cos(\omega t_0) + A_{\|2}^2}, \tag{4.1}$$

sowie:

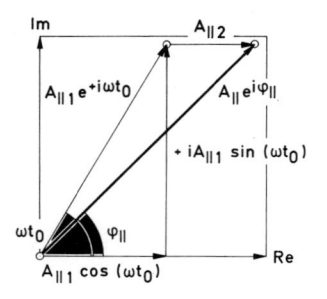

$$\tan\varphi_\| = + \frac{A_{\|1}\sin(\omega t_0)}{A_{\|1}\cos(\omega t_0)+A_{\|2}}. \tag{4.2}$$

Abb. 28. Berechnung von $A_\|$ und $\varphi_\|$ in der Ebene der komplexen Zahlen.

Wichtig sind folgende Sonderfälle: $\omega t_0 = 0$ ergibt (vgl. (4.2)) $\varphi_\| = 0$ und (s. (4.1)):

$$A_\| = A_{\|1} + A_{\|2},$$

d. h. maximale Intensität. $\omega t_0 = \pi$ liefert ebenfalls $\varphi_\| = 0$, aber:

$$A_\| = A_{\|2} - A_{\|1},$$

also minimale Intensität und speziell bei Amplitudengleichheit $A_{\|1} = A_{\|2}$ Auslöschung. Abb. 29 vermittelt einen Eindruck von den durch Interferenz entstehenden Wellen.

Es werde zweitens der Fall betrachtet, daß die beiden Wellen zueinander senkrechte Schwingungsrichtungen haben. Dieser Fall tritt auf, wenn das Licht eine optisch anisotrope Kristallplatte durchsetzt hat. Es seien:

$$\vec{a}_{\perp 1} = \vec{A}_{\perp 1} e^{-i\omega(t-t_0)}, \tag{4.3}$$

$$\vec{a}_{\perp 2} = \vec{A}_{\perp 2} e^{-i\omega t} \tag{4.4}$$

die Gleichungen der beiden Wellen bei festgehaltenem Ort $\vec{r}$ und $A_{\perp 1}, A_{\perp 2} \geq 0$. Dann gilt:

$$\vec{a}_\perp = \vec{a}_{\perp 1} + \vec{a}_{\perp 2} = (\vec{A}_{\perp 1} e^{+i\omega t_0} + \vec{A}_{\perp 2}) e^{-i\omega t}.$$

Da die Schwingungsrichtungen der Wellen jetzt aufeinander senkrecht stehen, kann man sie nur in zwei zueinander senkrechten komplexen Zahlenebenen, z. B. mit gemeinsamer (der Fortpflanzungsrichtung entsprechender) Re-Achse und gemeinsamem Ursprung 0 von Re- und Im-Achse darstellen. Hat nur der Polarisationszustand, d. h. die Projektion des Endpunkts von $\vec{a}_\perp$ auf eine zur Fortpflanzungsrichtung senkrechte Ebene (hier die Im-Ebene) Interesse, so genügt es, die Im-Teile von (4.3) und (4.4) zu verwenden, nämlich:

$$a_{\perp 1} = -A_{\perp 1} \sin(\omega t - \omega t_0) = -A_{\perp 1} \{+\sin(\omega t)\cos(\omega t_0) - \cos(\omega t)\sin(\omega t_0)\}, \tag{4.5}$$

$$a_{\perp 2} = -A_{\perp 2} \sin(\omega t). \tag{4.6}$$

(4.6) liefert noch:

$$\cos^2(\omega t) = 1 - a_{\perp 2}^2 / A_{\perp 2}^2. \tag{4.7}$$

Quadrieren von (4.5) ergibt:

$$\cos^2(\omega t) = \left\{ \frac{A_{\perp 1} \sin(\omega t)\cos(\omega t_0) + a_{\perp 1}}{A_{\perp 1} \sin(\omega t_0)} \right\}^2,$$

Substituieren gemäß (4.6) und (4.7):

$$1 - a_{\perp 2}^2 / A_{\perp 2}^2 = \left\{ \frac{-(a_{\perp 2} A_{\perp 1}/A_{\perp 2})\cos(\omega t_0) + a_{\perp 1}}{A_{\perp 1} \sin(\omega t_0)} \right\}^2,$$

$$\frac{a_{\perp 1}^2}{A_{\perp 1}^2} - 2 \frac{a_{\perp 1} a_{\perp 2}}{A_{\perp 1} A_{\perp 2}} \cos(\omega t_0) + \frac{a_{\perp 2}^2}{A_{\perp 2}^2} = \sin^2(\omega t_0). \tag{4.8}$$

(4.8) repräsentiert eine gegen das Bezugssystem gedrehte Ellipse. Den Drehwinkel ε findet man durch Einsetzen der (aus den Abb. 30 und 31 ersichtlichen) Transformationsgleichungen:

$$a_{\perp 1} = a_x \cos \varepsilon + a_y \sin \varepsilon,$$

$$a_{\perp 2} = -a_x \sin \varepsilon + a_y \cos \varepsilon$$

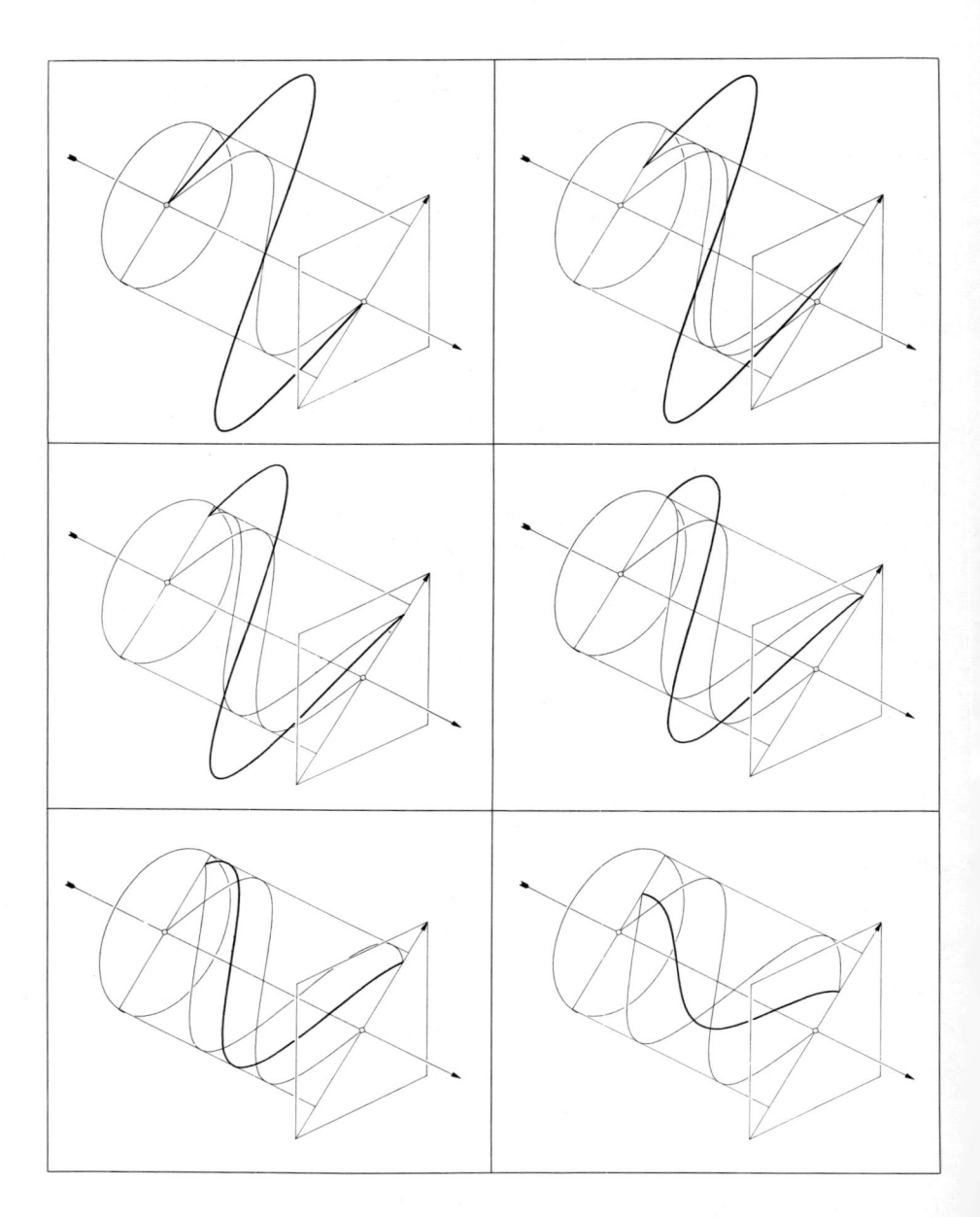

Abb. 29. Räumliche Darstellung der Interferenz zweier Planwellen. Ihre Phasendifferenzen betragen 0°, 30°, ..., 330°.

4. Zusammensetzung von Planwellen

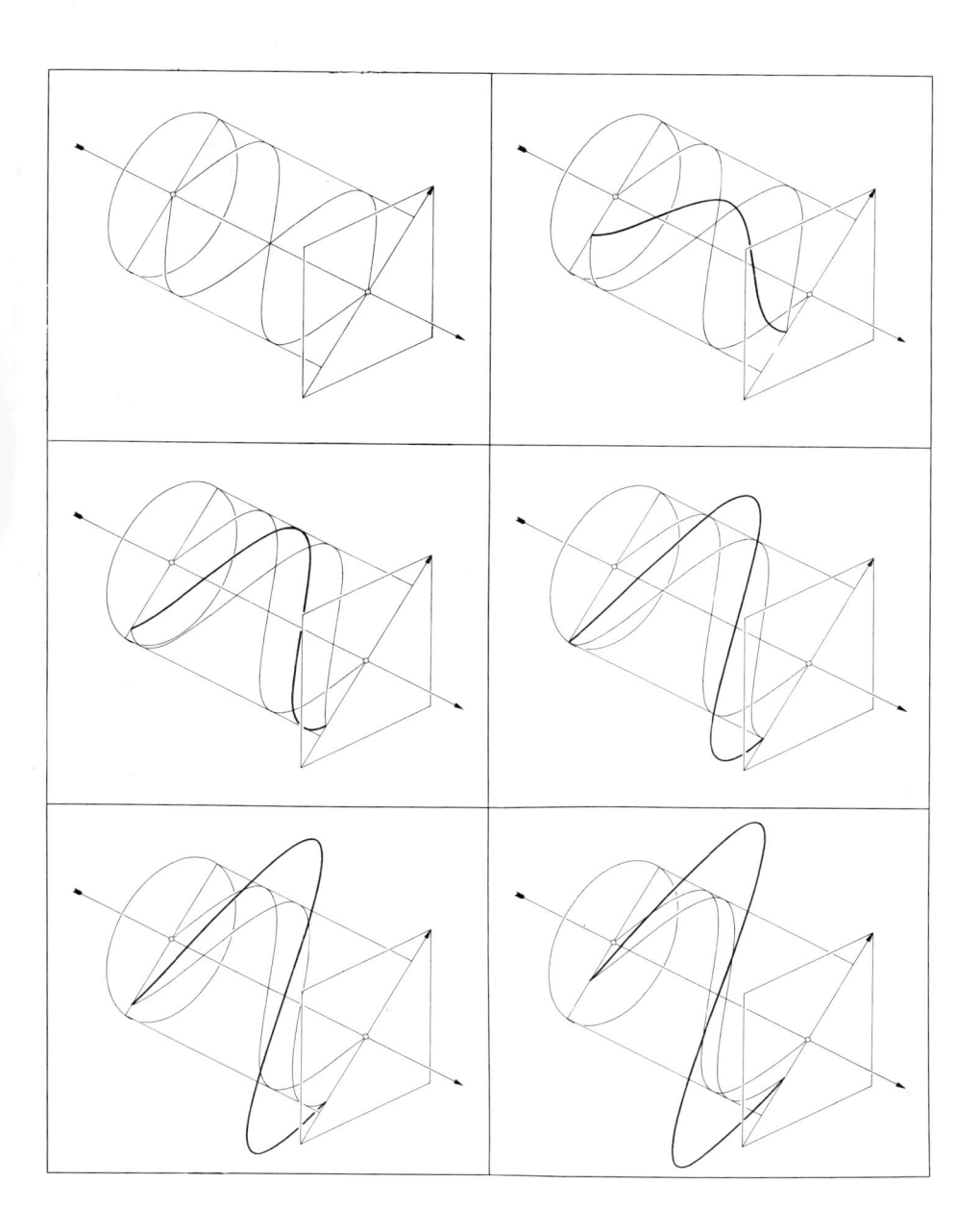

in (4.8):

$$a_x^2\left\{\frac{\cos^2\varepsilon}{A_{\perp 1}^2}+2\frac{\sin\varepsilon\cos\varepsilon}{A_{\perp 1}A_{\perp 2}}\cos(\omega t_0)+\frac{\sin^2\varepsilon}{A_{\perp 2}^2}\right\}$$

$$+a_xa_y\left[\sin 2\varepsilon\left(\frac{1}{A_{\perp 1}^2}-\frac{1}{A_{\perp 2}^2}\right)-2\cos 2\varepsilon\left(\frac{1}{A_{\perp 1}A_{\perp 2}}\right)\cos(\omega t_0)\right]$$

$$+a_y^2\left\{\frac{\sin^2\varepsilon}{A_{\perp 1}^2}+2\frac{\sin\varepsilon\cos\varepsilon}{A_{\perp 1}A_{\perp 2}}\cos(\omega t_0)+\frac{\cos^2\varepsilon}{A_{\perp 2}^2}\right\}=\sin^2(\omega t_0)$$

und Nullsetzung des in eckige Klammern eingeschlossenen Teils zu:

$$\tan 2\varepsilon=\frac{2A_{\perp 1}A_{\perp 2}}{A_{\perp 2}^2-A_{\perp 1}^2}\cos(\omega t_0). \qquad (4.9)$$

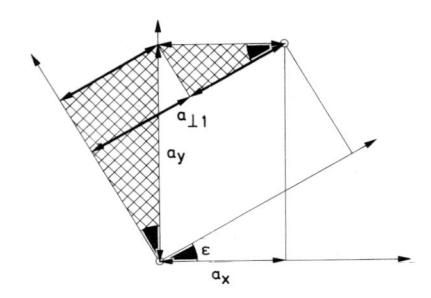

Abb. 30. Transformationsgleichung $a_{\perp 1}=a_x\cos\varepsilon+a_y\sin\varepsilon$.

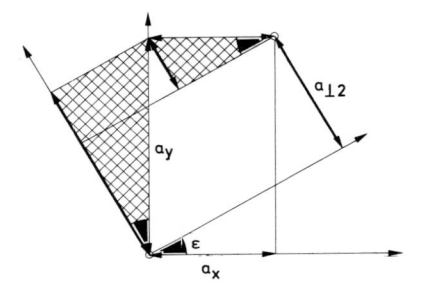

Abb. 31. Transformationsgleichung $a_{\perp 2}=-a_x\sin\varepsilon+a_y\cos\varepsilon$.

Von Bedeutung sind die durch $A_{\perp 1}=A_{\perp 2}$ und $\omega t_0=0$ sowie $\pi/2$ gekennzeichneten Sonderfälle.

$A_{\perp 1}\neq A_{\perp 2}$ ergibt mit $\omega t_0=0$ (vgl. (4.8)) die Gerade:

$$a_{\perp 1}/A_{\perp 1}=a_{\perp 2}/A_{\perp 2},$$

d.h. eine linear polarisierte Welle und mit $\omega t_0=\pi/2$ die ungedrehte Ellipse:

$$a_{\perp 1}^2/A_{\perp 1}^2+a_{\perp 2}^2/A_{\perp 2}^2=1,$$

d.h. eine elliptisch polarisierte Welle.

$A_{\perp 1}=A_{\perp 2}=A_\perp$ führt (vgl. (4.8)) auf:

$$\frac{a_{\perp 1}^2}{A_\perp^2}-2\frac{a_{\perp 1}a_{\perp 2}}{A_\perp^2}\cos(\omega t_0)+\frac{a_{\perp 2}^2}{A_\perp^2}=\sin^2(\omega t_0).$$

Den Drehwinkel ε erhält man aus (4.9) zu:

$$\varepsilon=\pi/2.$$

Mit $\omega t_0=0$ resultiert die Gerade:

$$a_{\perp 1}=a_{\perp 2},$$

4. Zusammensetzung von Planwellen

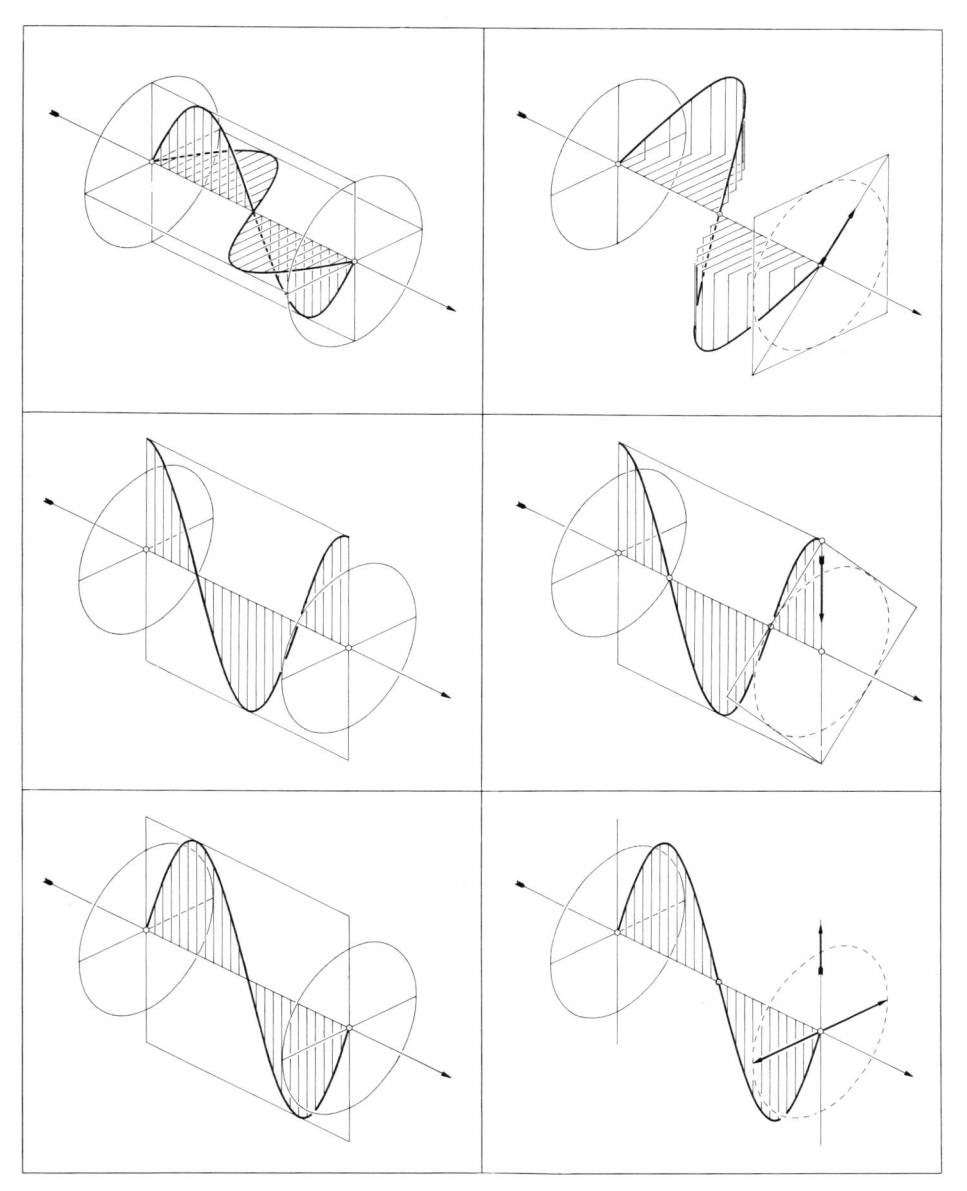

Abb. 32. Zusammensetzung zweier linear polarisierter Wellen gleicher Länge und Amplitude, aber zueinander senkrechter Schwingungsrichtungen, die eine Phasendifferenz von 0° haben. Obere Reihe: Die Wellen (links) vereinigen sich zu einer linear polarisierten Resultierenden (rechts), die in der Mitte in Analogie zu den folgenden Abbildungen um 45° gedreht zu sehen sind. Untere Reihe: Eine Phasenverschiebung um 90° ändert nichts an der Polarisationsart und -richtung (Pfeil). Ein mit seiner Schwingungsrichtung wie der Doppelpfeil angeordneter Polarisator löscht die Resultierende aus.

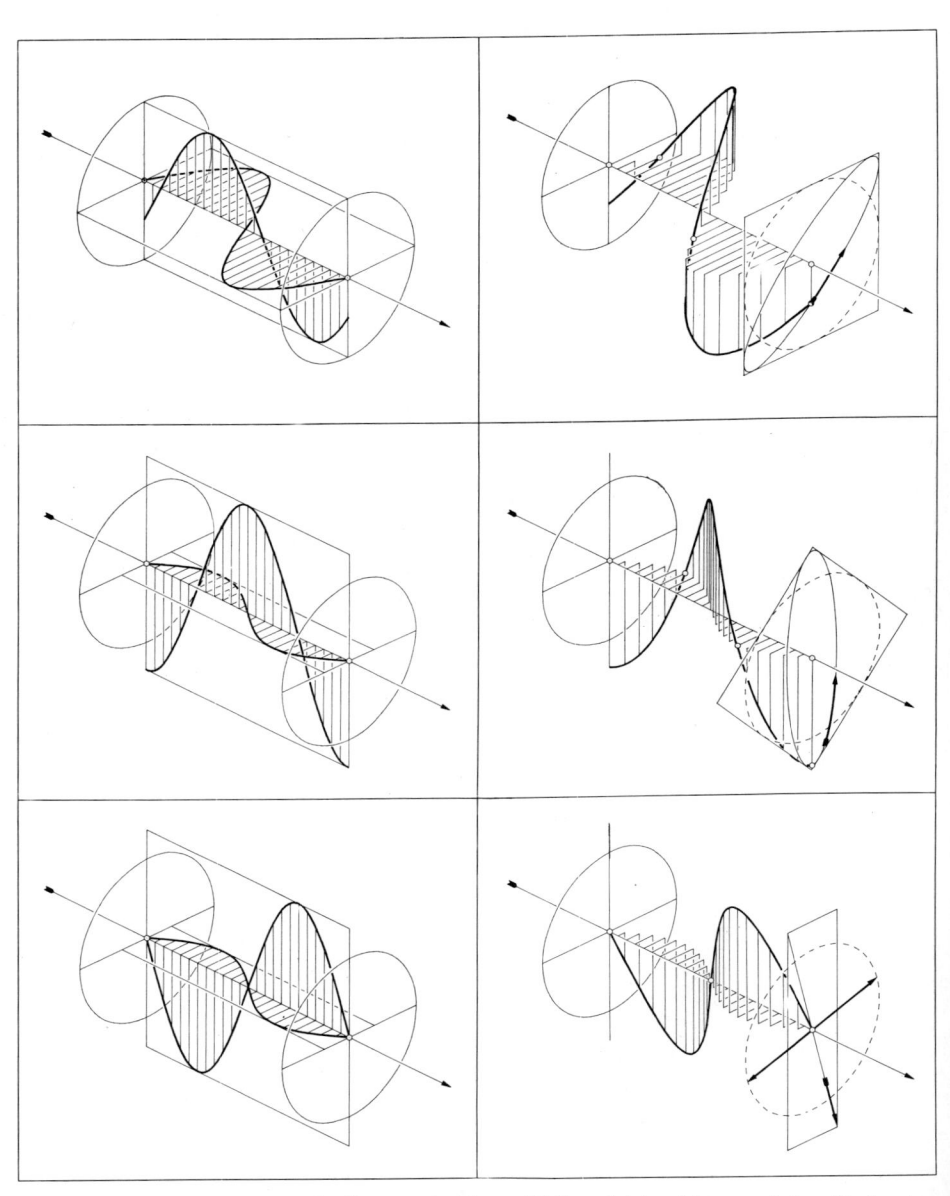

Abb. 33. Zusammensetzung zweier linear polarisierter Wellen gleicher Länge und Amplitude, aber zueinander ⊥ Schwingungsrichtungen, die eine Phasendifferenz von 30° haben. Obere Reihe: Die Wellen (links) setzen sich zu einer linkselliptisch polarisierten Welle (rechts) zusammen. Darstellungen der mittleren Reihe (gegen die der oberen um 45° gedreht): Zwei Wellen, deren Amplituden gleich den Hauptachsenlängen, deren Schwingungsrichtungen gleich den Hauptachsenrichtungen der Ellipse sind und die eine Phasendifferenz von 90° haben, ergeben die gleiche linkselliptisch polarisierte Welle. Untere Reihe: Vergrößerung der Phasendifferenz um 90° ergibt stets eine linear polarisierte Welle (Pfeil), die durch Senkrechtstellung eines Polarisators (Doppelpfeil) ausgelöscht werden kann.

4. Zusammensetzung von Planwellen 43

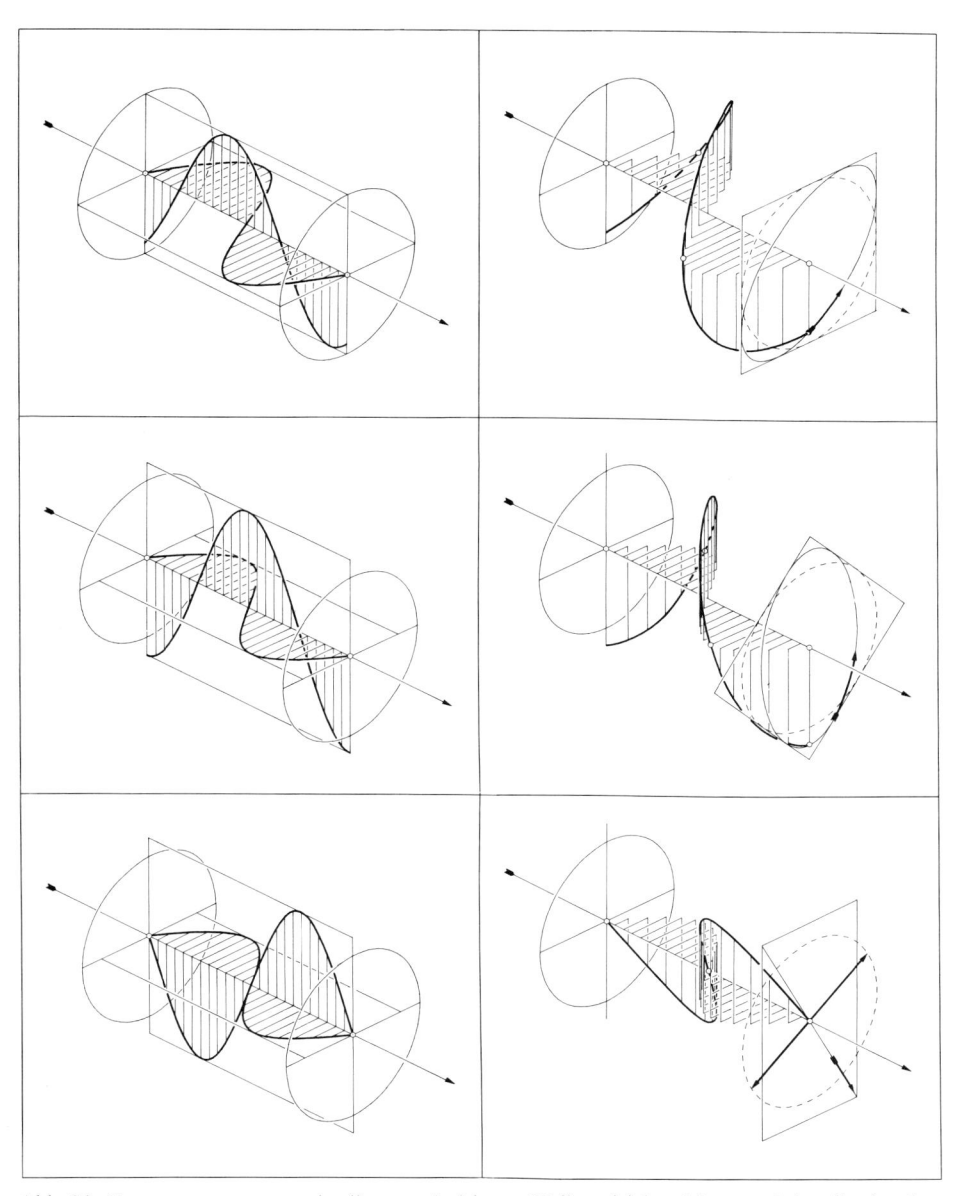

Abb. 34. Zusammensetzung zweier linear polarisierter Wellen gleicher Länge und Amplitude, aber zueinander ⊥ Schwingungsrichtungen, die eine Phasendifferenz von 60° haben. Obere Reihe: Die Wellen (links) setzen sich zu einer linkselliptisch polarisierten Welle (rechts) zusammen. Darstellungen der mittleren Reihe (gegen die der oberen um 45° gedreht): Zwei Wellen, deren Amplituden gleich den Hauptachsenlängen, deren Schwingungsrichtungen gleich den Hauptachsenrichtungen der Ellipse sind und die eine Phasendifferenz von 90° haben, ergeben die gleiche linkselliptisch polarisierte Welle. Untere Reihe: Vergrößerung der Phasendifferenz um 90° ergibt stets eine linear polarisierte Welle (Pfeil), die durch Senkrechtstellung eines Polarisators (Doppelpfeil) ausgelöscht werden kann.

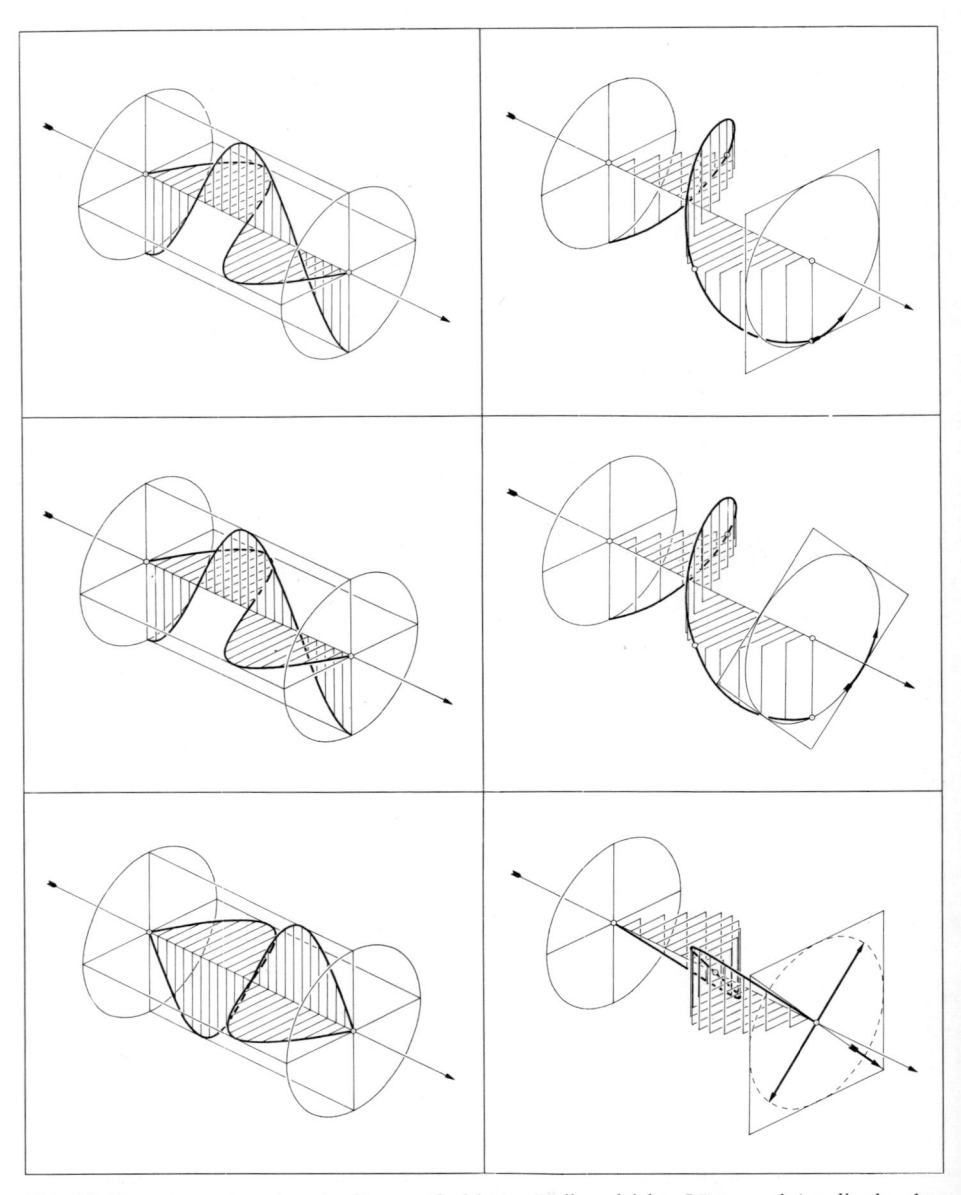

Abb. 35. Zusammensetzung zweier linear polarisierter Wellen gleicher Länge und Amplitude, aber zueinander senkrechter Schwingungsrichtungen, die eine Phasendifferenz von 90° haben. Die Wellen setzen sich zu einer linkszirkular polarisierten Resultierenden zusammen. Obere und mittlere Reihe unterscheiden sich bei Zirkularpolarisation nicht. Nimmt man (s. unten) eine weitere Phasenverschiebung um 90° vor, so entsteht die durch einen Pfeil gekennzeichnete und durch Senkrechtstellung eines Polarisators (Doppelpfeil) tilgbare linear polarisierte Welle.

4. Zusammensetzung von Planwellen   45

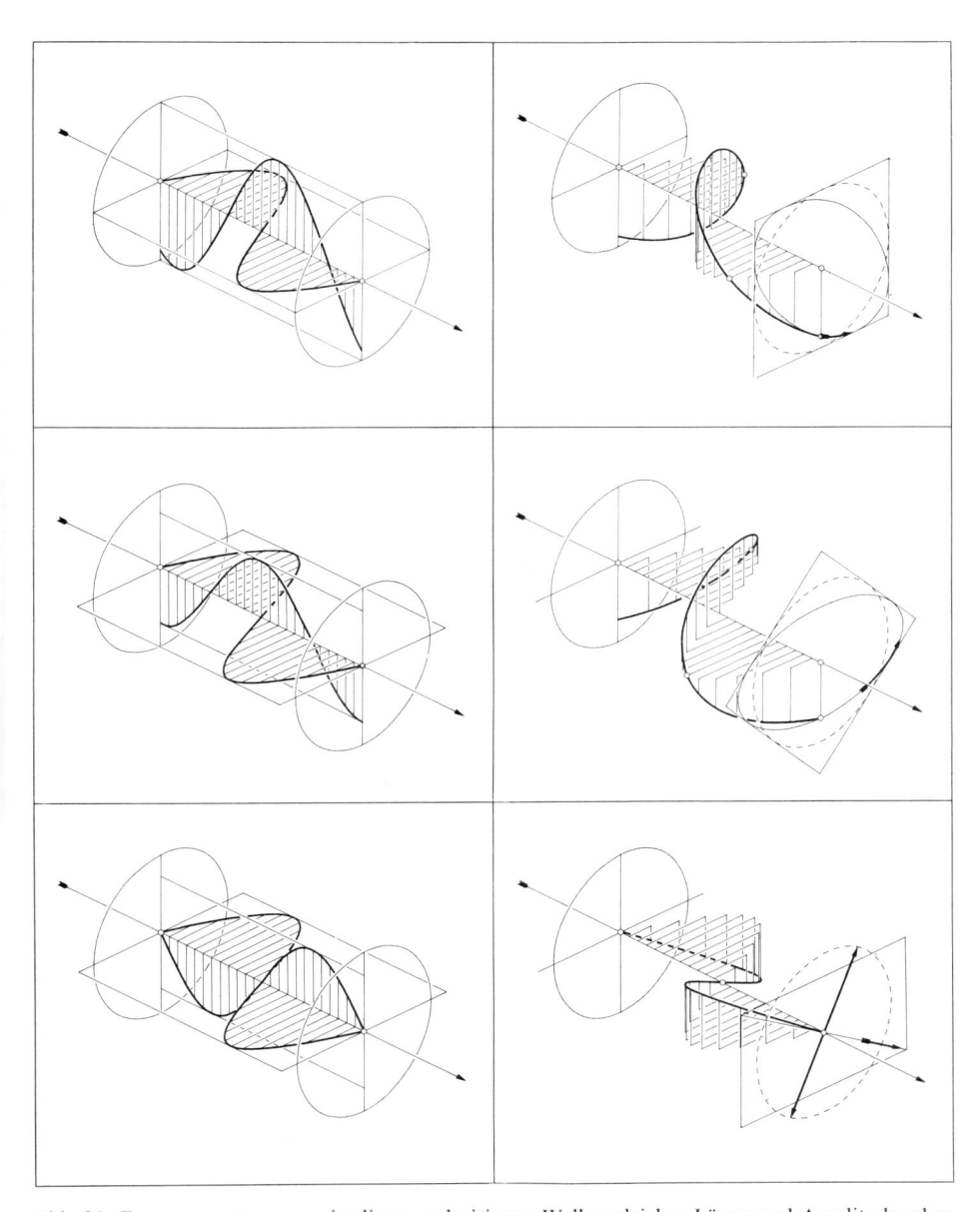

Abb. 36. Zusammensetzung zweier linear polarisierter Wellen gleicher Länge und Amplitude, aber zueinander ⊥ Schwingungsrichtungen, die eine Phasendifferenz von 120° haben. Obere Reihe: Die Wellen (links) setzen sich zu einer linkselliptisch polarisierten Welle (rechts) zusammen. Darstellungen der mittleren Reihe (gegen die der oberen um 45° gedreht): Zwei Wellen, deren Amplituden gleich den Hauptachsenlängen, deren Schwingungsrichtungen gleich den Hauptachsenrichtungen der Ellipse sind und die eine Phasendifferenz von 90° haben, ergeben die gleiche linkselliptisch polarisierte Welle. Untere Reihe: Vergrößerung der Phasendifferenz um 90° ergibt stets eine linear polarisierte Welle (Pfeil), die durch Senkrechtstellung eines Polarisators (Doppelpfeil) ausgelöscht werden kann.

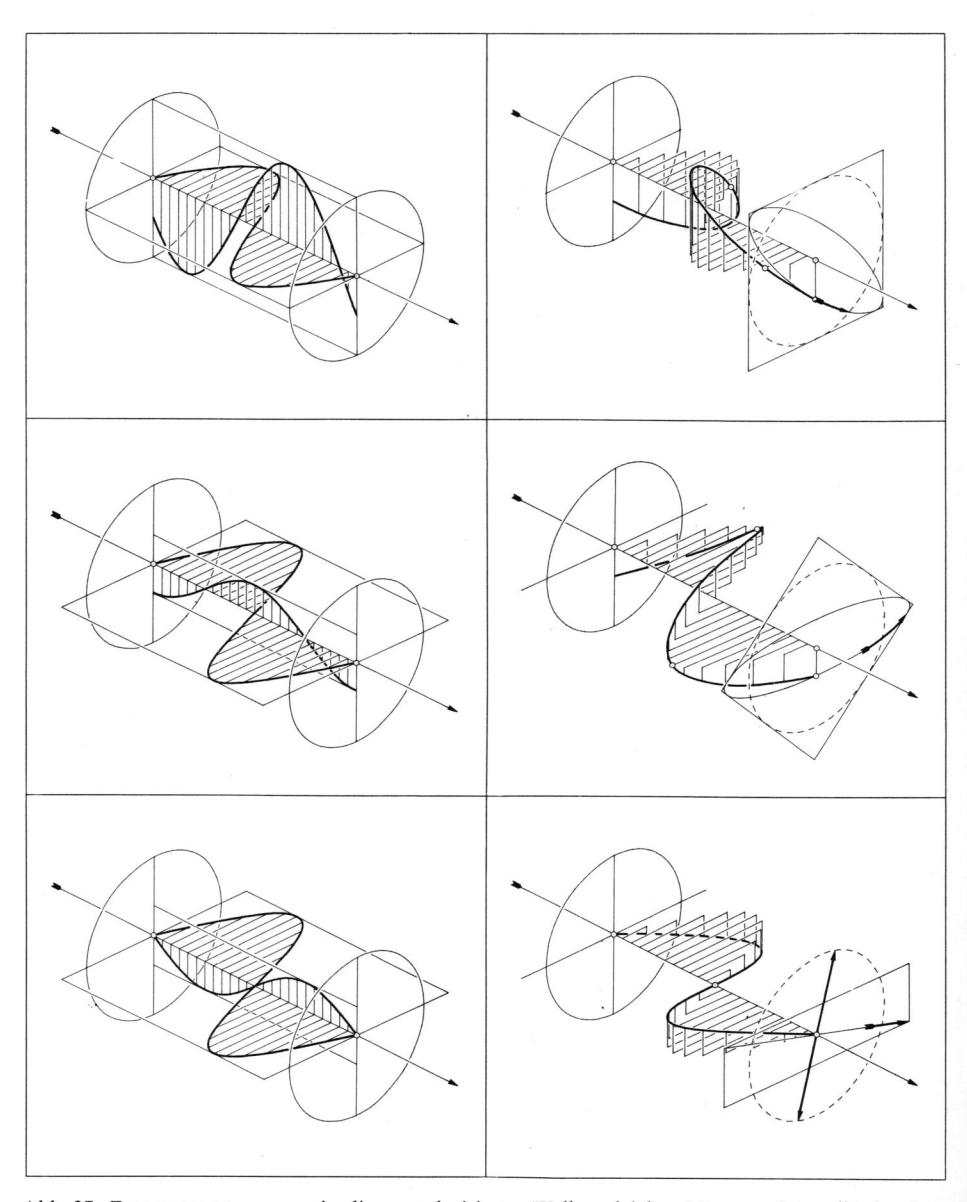

Abb. 37. Zusammensetzung zweier linear polarisierter Wellen gleicher Länge und Amplitude, aber zueinander ⊥ Schwingungsrichtungen, die eine Phasendifferenz von 150° haben. Obere Reihe: Die Wellen (links) setzen sich zu einer linkselliptisch polarisierten Welle (rechts) zusammen. Darstellungen der mittleren Reihe (gegen die der oberen um 45° gedreht): Zwei Wellen, deren Amplituden gleich den Hauptachsenlängen, deren Schwingungsrichtungen gleich den Hauptachsenrichtungen der Ellipse sind und die eine Phasendifferenz von 90° haben, ergeben die gleiche linkselliptisch polarisierte Welle. Untere Reihe: Vergrößerung der Phasendifferenz um 90° ergibt stets eine linear polarisierte Welle (Pfeil), die durch Senkrechtstellung eines Polarisators (Doppelpfeil) ausgelöscht werden kann.

4. Zusammensetzung von Planwellen 47

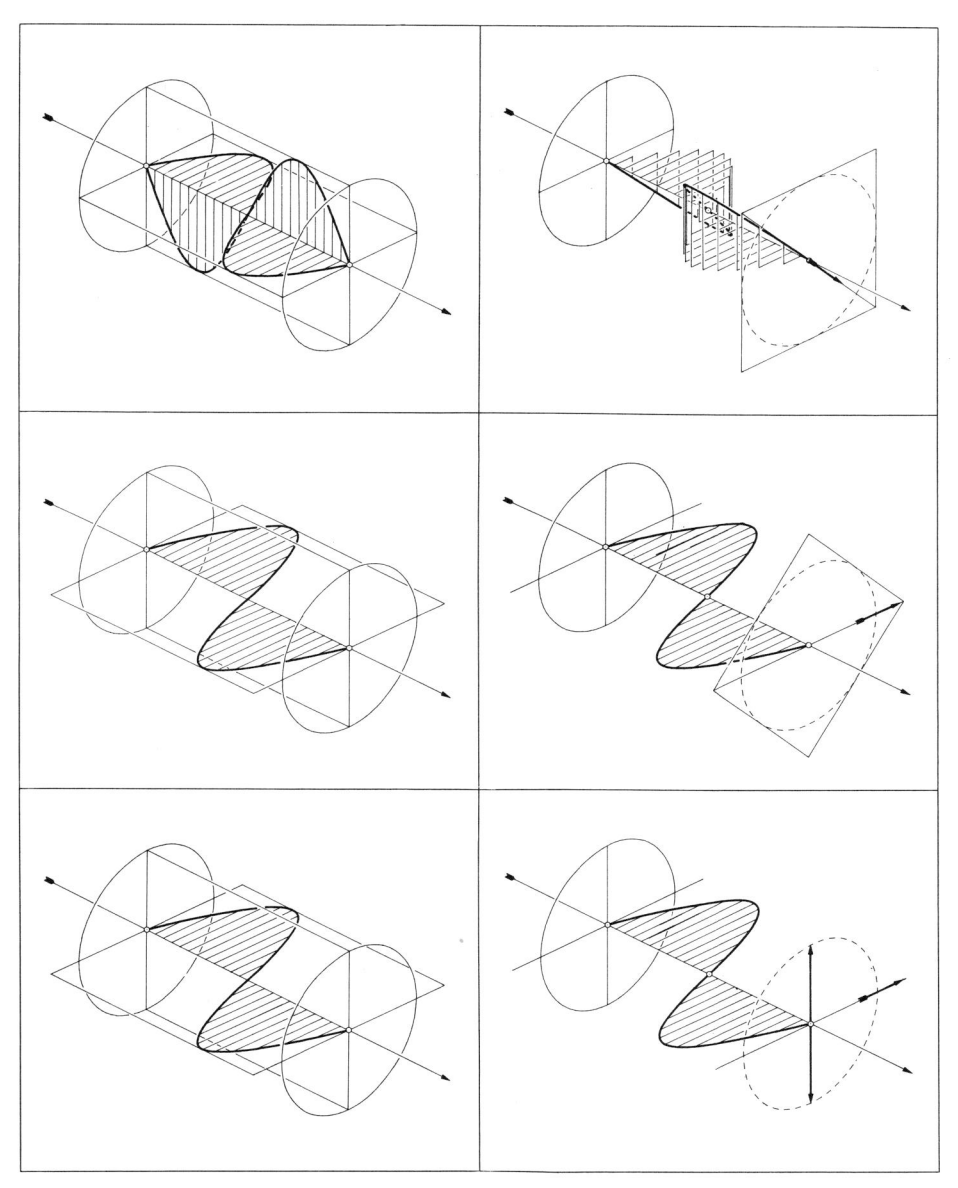

Abb. 38. Zusammensetzung zweier linear polarisierter Wellen gleicher Länge und Amplitude, aber zueinander senkrechter Schwingungsrichtungen, die eine Phasendifferenz von 180° haben. Obere Reihe: Die Wellen (rechts) vereinigen sich zu einer linear polarisierten Resultierenden (links), die in der Mitte in Analogie zu den folgenden Abbildungen um 45° gedreht zu sehen sind. Untere Reihe: Eine Phasenverschiebung um 90° ändert nichts an der Polarisationsart und -richtung (Pfeil). Ein mit seiner Schwingungsrichtung wie der Doppelpfeil angeordneter Polarisator löscht die Resultierende aus.

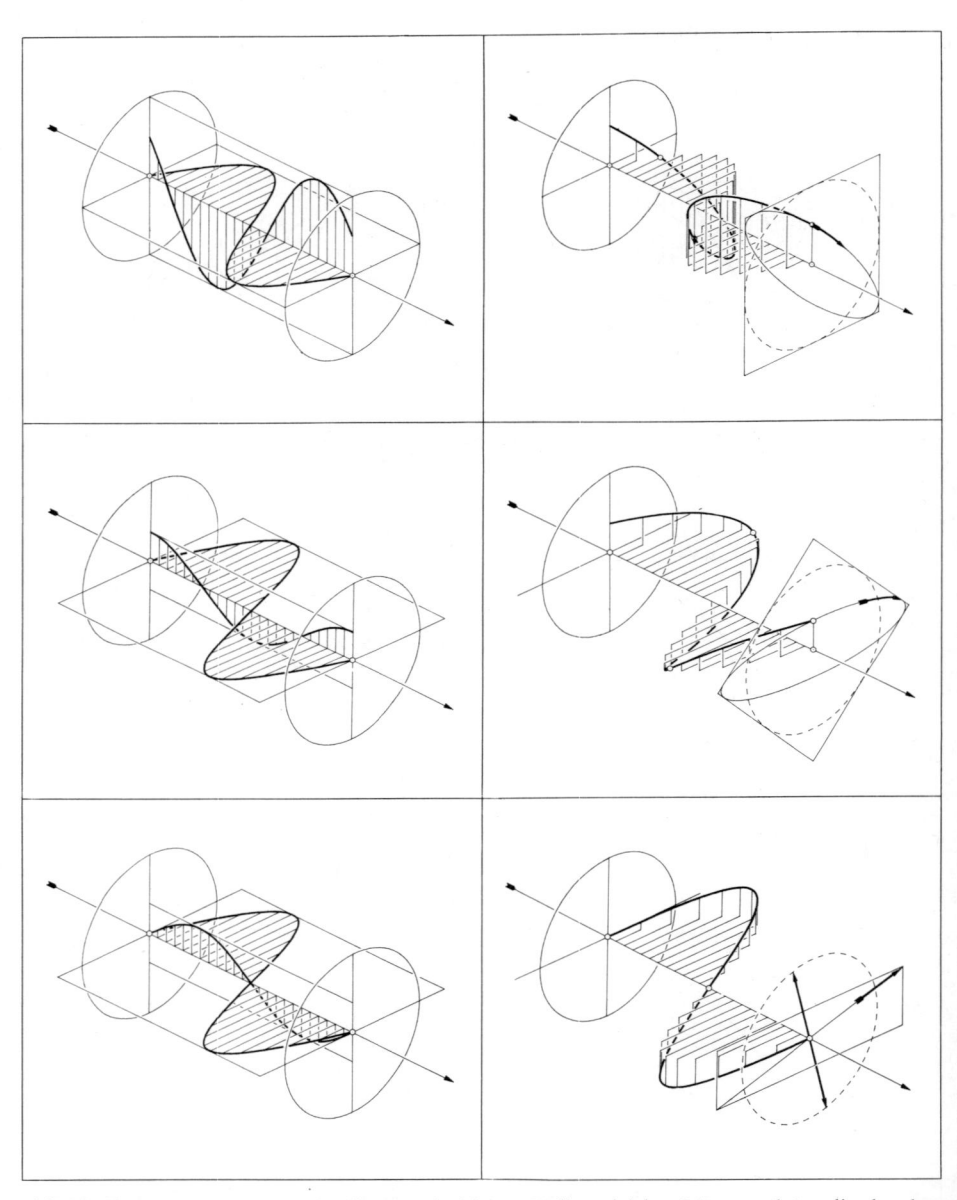

Abb. 39. Zusammensetzung zweier linear polarisierter Wellen gleicher Länge und Amplitude, aber zueinander ⊥ Schwingungsrichtungen, die eine Phasendifferenz von 210° haben. Obere Reihe: Die Wellen (links) setzen sich zu einer rechtselliptisch polarisierten Welle (rechts) zusammen. Darstellungen der mittleren Reihe (gegen die der oberen um 45° gedreht): Zwei Wellen, deren Amplituden gleich den Hauptachsenlängen, deren Schwingungsrichtungen gleich den Hauptachsenrichtungen der Ellipse sind und die eine Phasendifferenz von 90° haben, ergeben die gleiche rechtselliptisch polarisierte Welle. Untere Reihe: Vergrößerung der Phasendifferenz um 90° ergibt stets eine linear polarisierte Welle (Pfeil), die durch Senkrechtstellung eines Polarisators (Doppelpfeil) ausgelöscht werden kann.

4. Zusammensetzung von Planwellen

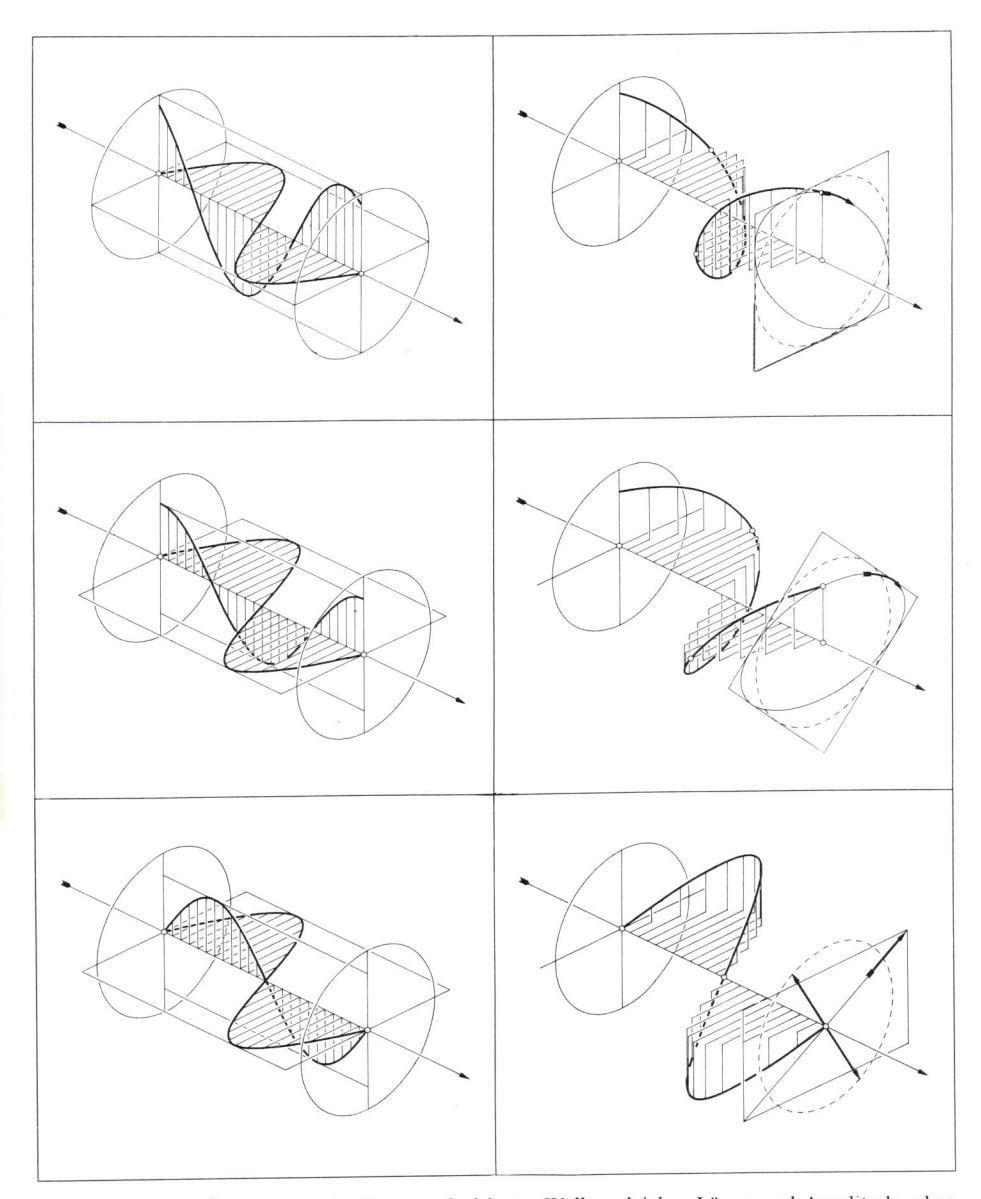

Abb. 40. Zusammensetzung zweier linear polarisierter Wellen gleicher Länge und Amplitude, aber zueinander ⊥ Schwingungsrichtungen, die eine Phasendifferenz von 240° haben. Obere Reihe: Die Wellen (links) setzen sich zu einer rechtselliptisch polarisierten Welle (rechts) zusammen. Darstellungen der mittleren Reihe (gegen die der oberen um 45° gedreht): Zwei Wellen, deren Amplituden gleich den Hauptachsenlängen, deren Schwingungsrichtungen gleich den Hauptachsenrichtungen der Ellipse sind und die eine Phasendifferenz von 90° haben, ergeben die gleiche rechtselliptisch polarisierte Welle. Untere Reihe: Vergrößerung der Phasendifferenz um 90° ergibt stets eine linear polarisierte Welle (Pfeil), die durch Senkrechtstellung eines Polarisators (Doppelpfeil) ausgelöscht werden kann.

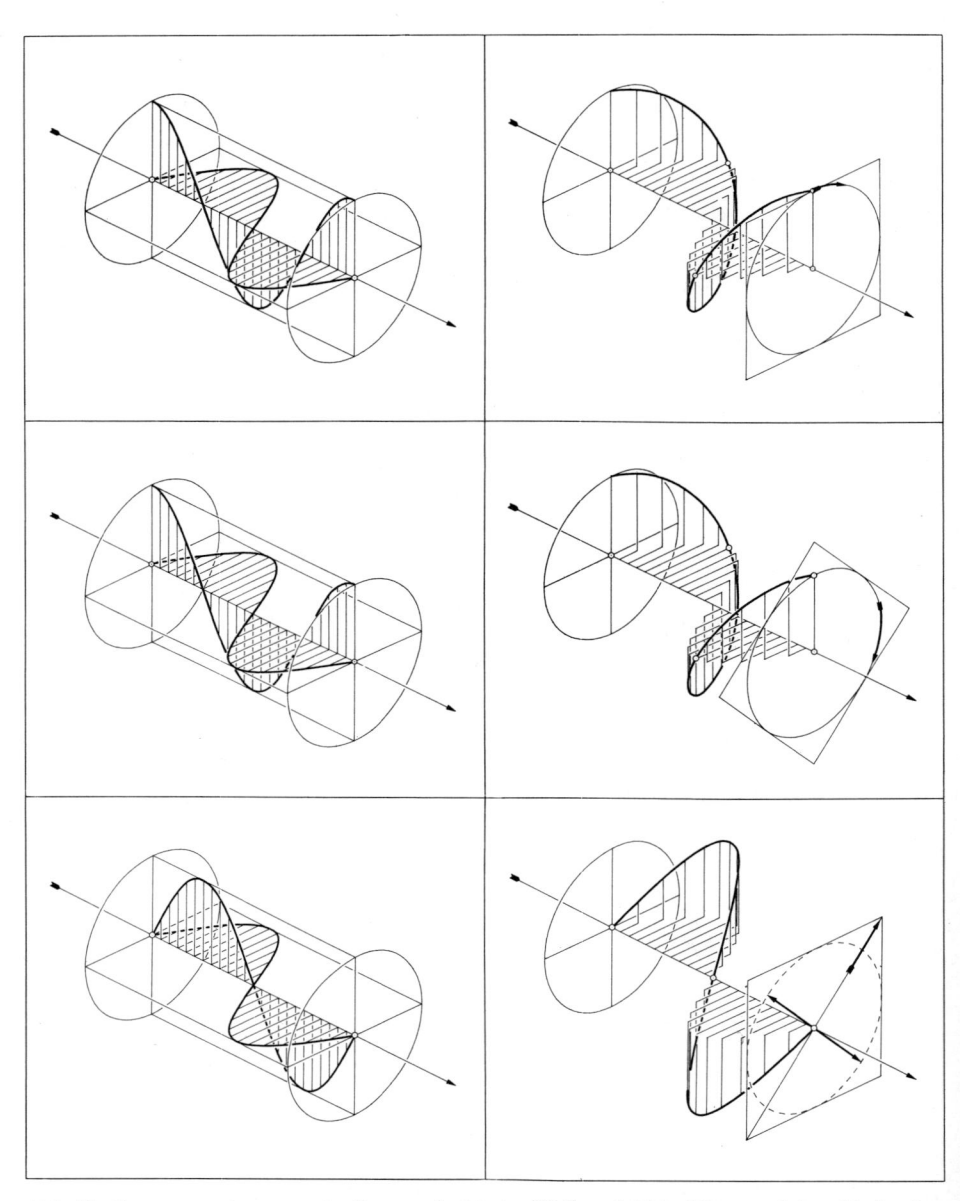

Abb. 41. Zusammensetzung zweier linear polarisierter Wellen gleicher Länge und Amplitude, aber zueinander senkrechter Schwingungsrichtungen, die eine Phasendifferenz von 270° haben. Die Wellen setzen sich zu einer rechtszirkular polarisierten Resultierenden zusammen. Obere und mittlere Reihe unterscheiden sich bei Zirkularpolarisation nicht. Nimmt man (s. unten) eine weitere Phasenverschiebung um 90° vor, so entsteht die durch einen Pfeil gekennzeichnete und durch Senkrechtstellung eines Polarisators (Doppelpfeil) tilgbare linear polarisierte Welle.

4. Zusammensetzung von Planwellen

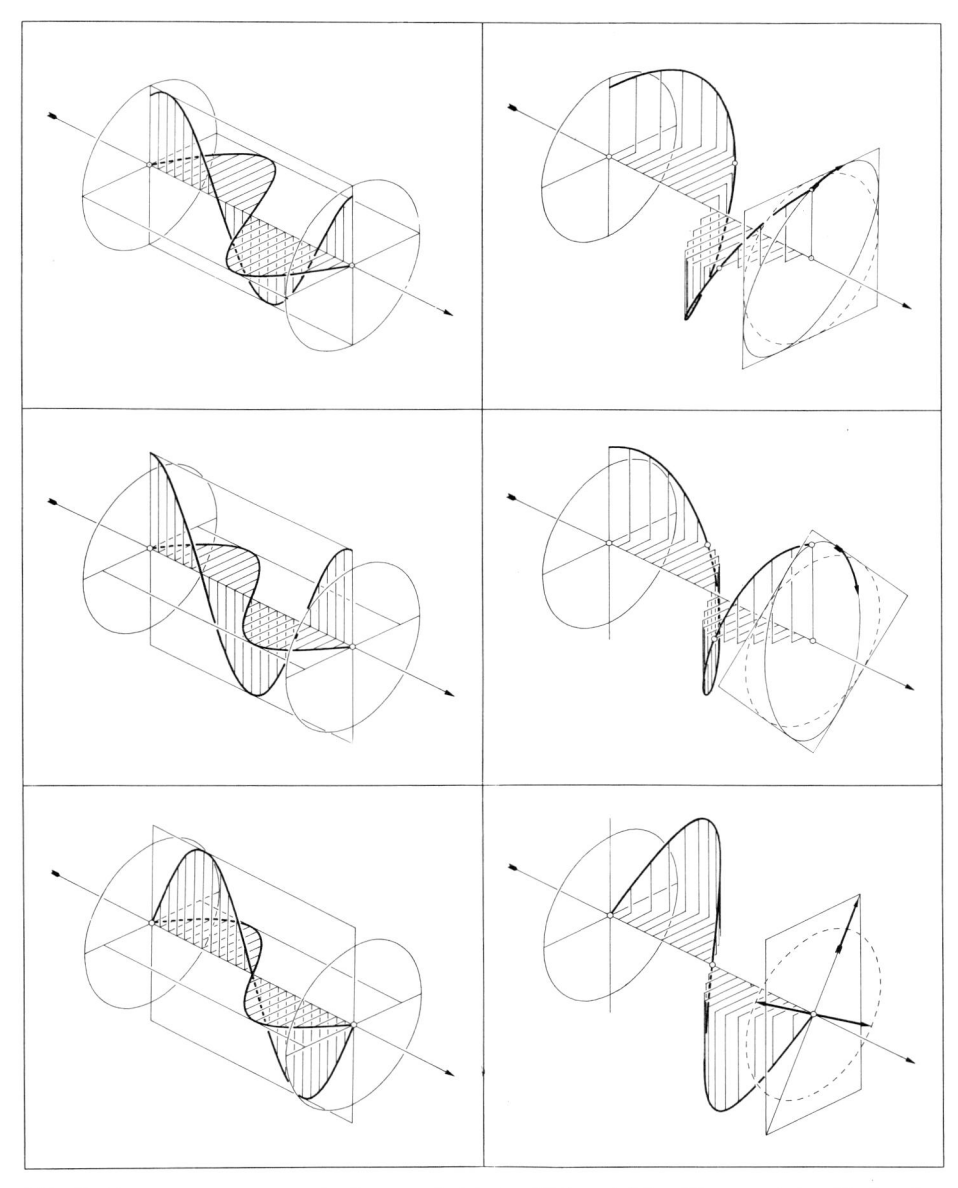

Abb. 42. Zusammensetzung zweier linear polarisierter Wellen gleicher Länge und Amplitude, aber zueinander ⊥ Schwingungsrichtungen, die eine Phasendifferenz von 300° haben. Obere Reihe: Die Wellen (links) setzen sich zu einer rechtselliptisch polarisierten Welle (rechts) zusammen. Darstellungen der mittleren Reihe (gegen die der oberen um 45° gedreht): Zwei Wellen, deren Amplituden gleich den Hauptachsenlängen, deren Schwingungsrichtungen gleich den Hauptachsenrichtungen der Ellipse sind und die eine Phasendifferenz von 90° haben, ergeben die gleiche rechtselliptisch polarisierte Welle. Untere Reihe: Vergrößerung der Phasendifferenz um 90° ergibt stets eine linear polarisierte Welle (Pfeil), die durch Senkrechtstellung eines Polarisators (Doppelpfeil) ausgelöscht werden kann.

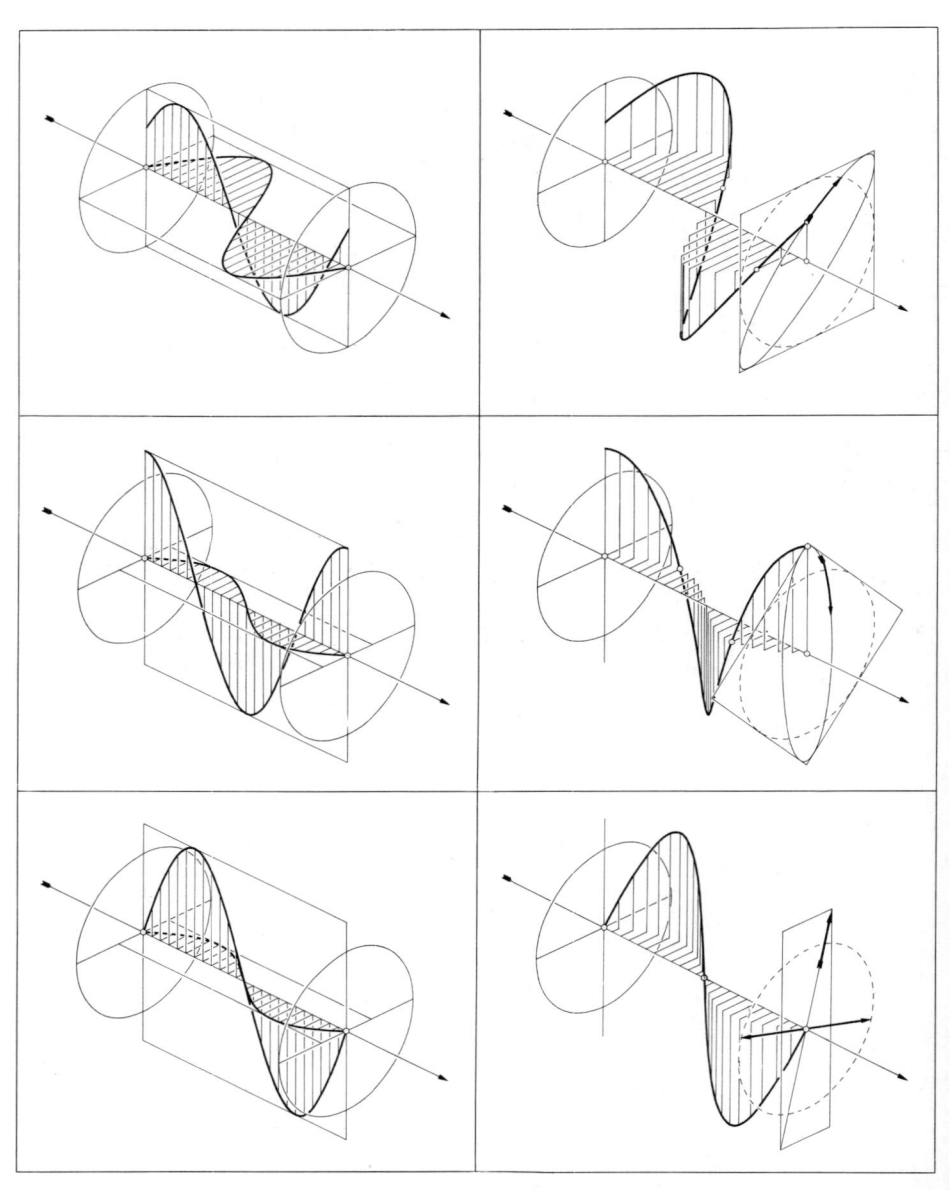

Abb. 43. Zusammensetzung zweier linear polarisierter Wellen gleicher Länge und Amplitude, aber zueinander ⊥ Schwingungsrichtungen, die eine Phasendifferenz von 330° haben. Obere Reihe: Die Wellen (links) setzen sich zu einer rechtselliptisch polarisierten Welle (rechts) zusammen. Darstellungen der mittleren Reihe (gegen die der oberen um 45° gedreht): Zwei Wellen, deren Amplituden gleich den Hauptachsenlängen, deren Schwingungsrichtungen gleich den Hauptachsenrichtungen der Ellipse sind und die eine Phasendifferenz von 90° haben, ergeben die gleiche rechtselliptisch polarisierte Welle. Untere Reihe: Vergrößerung der Phasendifferenz um 90° ergibt stets eine linear polarisierte Welle (Pfeil), die durch Senkrechtstellung eines Polarisators (Doppelpfeil) ausgelöscht werden kann.

d.h. wieder eine linear polarisierte Welle und mit $\omega t_0 = \pi/2$ der Kreis:

$$a_{\perp 1}^2 + a_{\perp 2}^2 = A_\perp^2,$$

d.h. eine zirkular polarisierte Welle.

Blickt man der Fortpflanzungsrichtung entgegen, und umfährt der Endpunkt des Amplitudenvektors die Ellipse (den Kreis) rechtsherum, so heißt die Welle rechtselliptisch (rechtszirkular) polarisiert und umgekehrt. Die Abb. 32 bis 43 geben einen Überblick. Die Abb. 44 faßt alle Links-, die Abb. 45 alle Rechtsformen in ebener Darstellung zusammen.

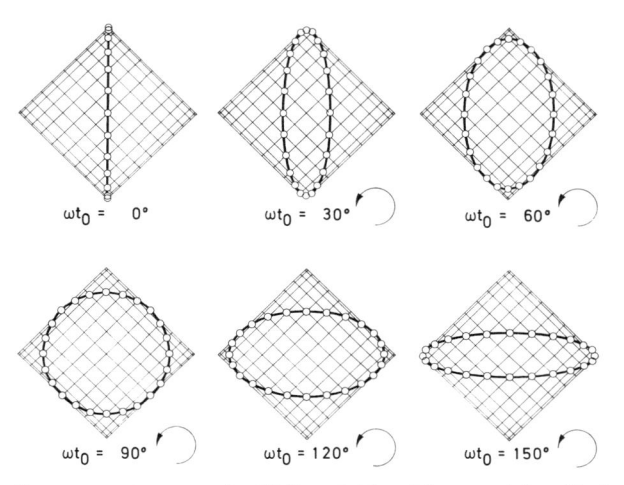

Abb. 44. Durch Zusammensetzung zweier Wellen gleicher Länge und Amplitude, aber zueinander senkrechter Schwingungsrichtungen entstehende linkspolarisierte Formen, auf eine Ebene senkrecht zur Fortpflanzungsrichtung projiziert.

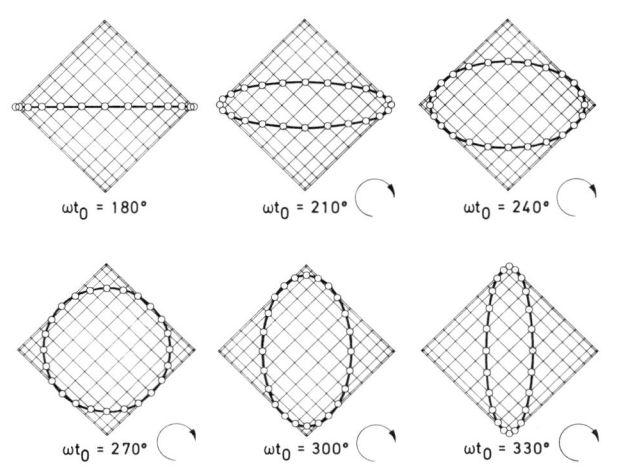

Abb. 45. Durch Zusammensetzung zweier Wellen gleicher Länge und Amplitude, aber zueinander senkrechter Schwingungsrichtungen entstehende rechtspolarisierte Formen, auf eine Ebene senkrecht zur Fortpflanzungsrichtung projiziert.

5. Intensität

Als Intensität einer Strahlung definiert man diejenige Energie, die in der Zeit 1 s eine Einheitsfläche senkrecht zur Strahlrichtung durchsetzt. Bei elektromagnetischer Strahlung hat die Intensität den Betrag des *Poynting*schen Vektors (vgl. (2.7)). Die Intensität ist proportional dem Betragsquadrat der Amplitude. Gewöhnlich interessieren nur relative Intensitäten. Dann läßt man den Proportionalitätsfaktor weg und bezeichnet zur Bequemlichkeit entweder das Betragsquadrat der Amplitude oder den zeitlichen Mittelwert dieses Quadrats als Intensität. Der erste Weg ist möglich, wenn man komplex arbeitet, da sich der Zeitfaktor durch Multiplikation mit dem konjugiert komplexen Wert heraushebt. Der zweite Weg empfiehlt sich, wenn man reell rechnet, um die Darstellung anschaulich zu machen. In diesem (durch $\bar{I}$ gekennzeichneten) Fall ist der Rechenaufwand erheblich größer.

Sämtliche durchlichtdiagnostischen Erscheinungen sind mit örtlichen Intensitätsunterschieden verbunden. Um diese Erscheinungen zu verstehen, werde einiges über das Instrument vorangestellt, mit dem man sie erzeugt, das Polarisationsmikroskop.

Ein Polarisationsmikroskop unterscheidet sich von einem gewöhnlichen durch das Vorhandensein zweier Polarisatoren, ferner die Möglichkeit, das zu untersuchende Präparat mit dem Objekttisch zu drehen sowie bestimmte Hilfspräparate in den Strahlengang zu bringen und die Verwendung spannungsarmer

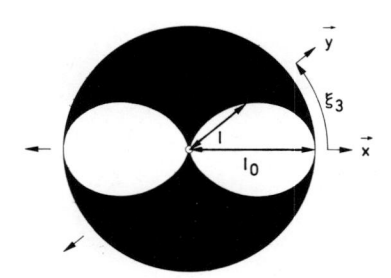

Abb. 46. Azimutale Intensitätscharakteristik einer mit Parallellicht der Intensität I_0 beleuchteten Anordnung von Polarisator ($\vec{x}$) und Analysator. Die vom Analysator durchgelassene Intensität I wird bei der Parallelstellung $= I_0$ und bei Senkrechtstellung $= 0$.

Optik. Von den beiden Polarisatoren wird der in der Fortpflanzungsrichtung erste als Polarisator bezeichnet, da er das Licht linear polarisiert und der zweite Analysator genannt, da er das vom Präparat veränderte Licht zu analysieren gestattet, indem er es zur Interferenz bringt. Beim Einbau dieser beiden Teile geht man heute i. allg. von der Vorstellung eines vor einem liegenden rechtwinkligen

Koordinatensystems $(0,x,y)$ aus, legt die Schwingungsrichtung des in Richtung der Lichtfortpflanzung ersten Teils, des Polarisators, in die Richtung der dem Alphabet nach ersten Achse, der x-Achse, damit horizontal, und die Schwingungsrichtung des in Richtung der Lichtfortpflanzung zweiten Teils, des Analysators, in die Richtung der dem Alphabet nach zweiten Achse, der y-Achse, also vertikal, so daß man von der Schwingungsrichtung des Polarisators durch eine Drehung im mathematisch positiven Sinn zur Schwingungsrichtung des Analysators gelangt. Die Bevorzugung dieser (nach W. NICOL, brit. Physiker, * 1768, † 1851 Edinburgh, dem Erfinder eines aus Calcit hergestellten Polarisationsprismas so benannten) „Kreuzung der Nicols" gegenüber der Parallelstellung der Schwingungsrichtungen von Polarisator und Analysator, die, da sie ebenfalls in sich symmetrisch ist, auch ebenso gut möglich wäre, hat folgenden Grund.

Die Amplitude des aus dem Analysator austretenden Lichts ist offenbar gleich der Komponente der Amplitude des den Polarisator verlassenden Lichts in bezug auf die Schwingungsrichtung des Analysators. Demgemäß gilt:

$$I = I_0 \cos^2 \xi_3$$

das sog. Gesetz von MALUS (E. L. MALUS, franz. Physiker, * 1775, † 1812 Paris), und das Gesichtsfeld erscheint bei Parallelstellung hell, bei Senkrechtstellung dunkel (s. z. B. auch [21]).

Das Untersuchungsobjekt liefert, wenn es in einer Richtung durchstrahlt wird, in der es isotrop ist, eine unverändert in der Schwingungsrichtung des Polarisators linear polarisierte Welle, und wenn es in einer Richtung durchstrahlt wird, in der es isotrop wirkt, zwei zueinander senkrechte linear polarisierte Wellen der Phasendifferenz $0°, 360°, \ldots$, die, wenn man sie zur Schwingungsrichtung des Polarisators symmetrisch stellt, gleiche Amplituden haben, sich folglich im Analysator auslöschen.

Bei „Kreuzung der Nicols" ergibt sich damit die einleuchtende Verknüpfung, daß das Gesichtsfeld bei optischer Isotropie dunkel ist.

Insgesamt gesehen hängt die Intensität sowohl von der Phasendifferenz in der Durchstrahlungsrichtung als auch der Lage des Kristalls ab.

5.1. Abhängigkeit der Intensität von der Phasendifferenz

Gibt man Polarisator, Kristallplättchen und Analysator eine feste, aber keine spezielle Lage zueinander (Abb. 47), so wird das den Polarisator verlassende Licht der Wellenlänge λ vom Kristall in zwei Wellen zerlegt, die von λ verschiedene Längen λ_1 und λ_2 und wegen des Gesetzes von der Konstanz der Frequenz (oder der Schwingungszahl):

$$v = \nu \lambda$$

auch von v verschiedene Geschwindigkeiten v_1 und v_2 haben. Nur im materiefreien Raum ist die Lichtgeschwindigkeit von der Wellenlänge unabhängig und gleich $c \approx 300\,000\,\text{km/s}$. Das Gesetz läßt sich aus (1.2) und (1.5) ableiten, aber nur quantentheoretisch begründen. Gelten λ und v für die Fortpflanzung in Luft, so definiert z. B.:

$$n_1 = v/v_1 = \lambda/\lambda_1 \tag{5.1}$$

die (auf Luft bezogene, deshalb) relative Brechungszahl n_1 und :

$$n_{1\,\text{abs}} = c/v_1 = (c/v)(v/v_1) \tag{5.2}$$

die (auf den materiefreien Raum bezogene) absolute Brechungszahl $n_{1\,\text{abs}}$. Wegen $n_1 > 1$ sind (vgl. (5.1)) Länge und Geschwindigkeit der Welle in Luft größer als im Kristall. Wegen:

$$n_{\text{abs}} = c/v = 1{,}000292$$

muß man (vgl. (5.1) und (5.2)) die relative Brechungszahl mit der absoluten der Luft multiplizieren, um die absolute Brechungszahl zu erhalten.

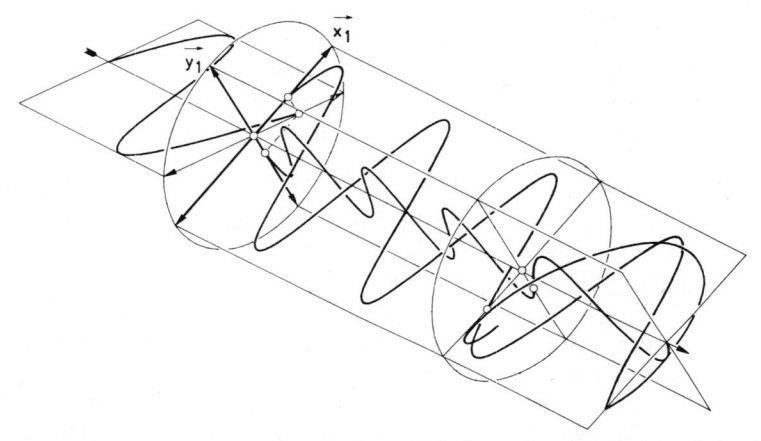

Abb. 47. Linear polarisierte Planwelle, aus einem Polarisator kommend und auf eine (durch zwei als Ellipsen erscheinende Kreise begrenzte) Kristallplatte mit den Schwingungsrichtungen $\vec{x}_1'$, $\vec{y}_1'$ treffend. Innerhalb des Kristalls pflanzt sich das Licht in zwei Schwingungsrichtungen mit verschiedenen Wellenlängen und Geschwindigkeiten fort. Beim Verlassen des Kristalls bildet sich eine i.a. elliptisch polarisierte Resultierende der ursprünglichen Wellenlänge und Geschwindigkeit. Es ist gleichgültig, ob die Resultierende oder das Komponentenpaar betrachtet wird.

Für die Geschwindigkeiten der beiden durch Doppelbrechung entstandenen Wellen gilt im materiefreien Raum:

$$c = s_1/t_1, \quad c = s_2/t_2,$$

und im Kristall:

$$v_1 = D/t_1, \quad v_2 = D/t_2.$$

Damit ergibt sich als Wegdifferenz:

$$s_2 - s_1 = c\,t_2 - c\,t_1 = D(c/v_2 - c/v_1) \approx D(v/v_2 - v/v_1),$$

$$s_2 - s_1 = D(n_2 - n_1),$$

$$R = D\varDelta, \tag{5.3}$$

D Kristalldicke,
R Gangunterschied,
$\varDelta$ Doppelbrechung.

5.2. Abhängigkeit der Intensität von der Phasendifferenz und der Lage

Mit dem durch (5.3) ausgedrückten Gangunterschied sind die beiden Wellen behaftet, wenn sie (vgl. Abb. 48) den Analysator verlassen.

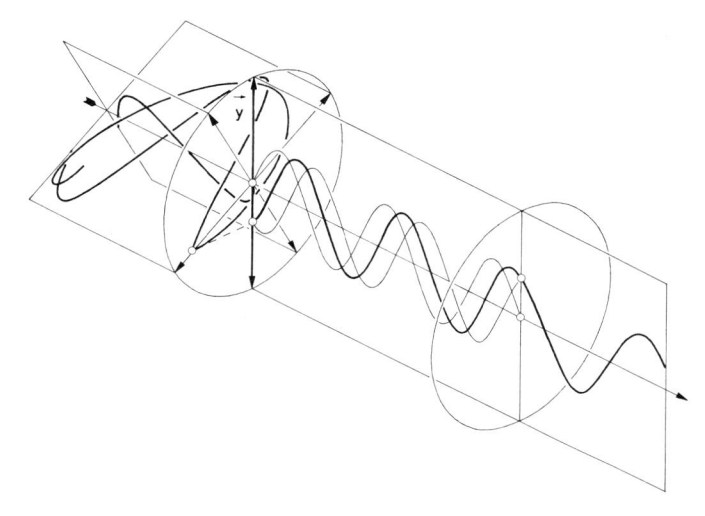

Abb. 48. Elliptisch polarisierte Planwelle, aus einem Kristall kommend und auf einen (durch zwei als Ellipsen erscheinende Kreise begrenzten) Analysator mit der Schwingungsrichtung $\vec{y}$ treffend. Innerhalb des Analysators interferiert das Licht. Beim Verlassen des Analysators nimmt es wieder seine ursprüngliche Wellenlänge und Geschwindigkeit an.

Durch Einsetzen von (5.3) in (1.2) entsteht:

$$\varphi = 2\pi(D\Delta/\lambda - t/T). \tag{5.4}$$

5.2. Abhängigkeit der Intensität von der Phasendifferenz und der Lage

Macht man jetzt auch noch die Lage variabel, so ergeben sich je nachdem, ob sich nur das (als anisotrop angesehene) Untersuchungsobjekt im Strahlengang befindet oder zusätzlich ein (ebenfalls anisotropes) Hilfspräparat im Mikroskoptubus steckt, folgende Verhältnisse.

Die den Polarisator verlassende linear polarisierte Planwelle habe jeweils die Schwingungsrichtung $\vec{x}$ und die Maximalamplitude $|A_x| = 1$, damit die Gleichung (vgl. (1.1)):

$$a_x = \sin \varphi.$$

5.2.1. Ein anisotropes Plättchen

Die Planwelle durchquert das in ihrer Fortpflanzungsrichtung gesehen erste anisotrope Plättchen in Form zweier linear und zueinander senkrecht polarisierter Komponenten, die wegen der Anisotropie eine Phasendifferenz aufweisen. Beträgt die Phasendifferenz beim Austritt aus dem Plättchen gerade φ_1 und kennzeichnet ξ_1 den Winkel zwischen $\vec{x}$ und der ($\vec{x}$, der Fortpflanzungsrichtung entgegenblickend, im positiven Sinn folgenden) Schwingungsrichtung $\vec{x_1}$ des Plättchens, so lauten die Gleichungen der Komponenten (s. Abb. 49):

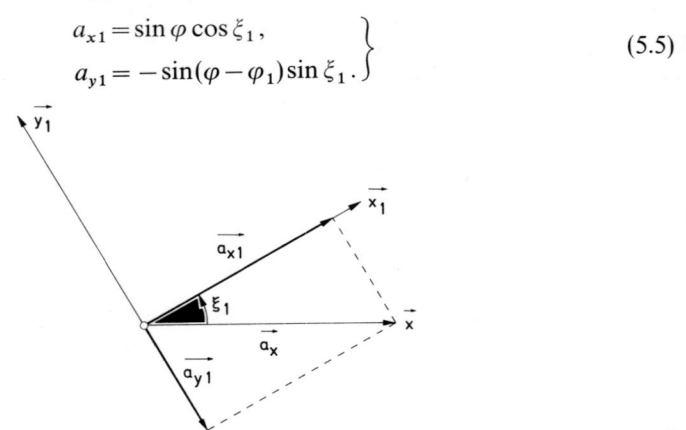

$$\left.\begin{aligned} a_{x1} &= \sin\varphi \cos\xi_1, \\ a_{y1} &= -\sin(\varphi-\varphi_1)\sin\xi_1. \end{aligned}\right\} \quad (5.5)$$

Abb. 49. Lage der Schwingungsrichtung $\vec{x}$ des Polarisators und der Schwingungsrichtungen $\vec{x_1}$, $\vec{y_1}$ des ersten anisotropen Plättchens, wenn man der Fortpflanzungsrichtung der Planwelle entgegenblickt.

Die Komponenten (5.5) interferieren im Analysator zu einer linear polarisierten Resultierenden der Schwingungsrichtung $\vec{y}$ und der Gleichung (s. Abb. 50):

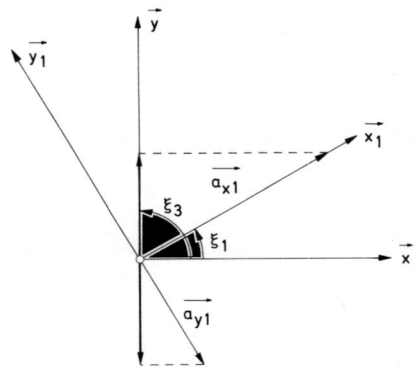

Abb. 50. Lage der Schwingungsrichtungen $\vec{x_1}$, $\vec{y_1}$ des ersten anisotropen Plättchens und der Schwingungsrichtung $\vec{y}$ des Analysators, wenn man der Fortpflanzungsrichtung der Planwelle entgegenblickt.

$$a_y = \sin\varphi \cos\xi_1 \cos(\xi_3-\xi_1) - \sin(\varphi-\varphi_1)\sin\xi_1 \sin(\xi_3-\xi_1). \quad (5.6)$$

Durch Quadrieren von (5.6) erhält man als Intensität I, in der die Platte bei Kreuzstellung der Schwingungsrichtungen von Polarisator und Analysator (d.h. im Falle $\xi_3 = 90°$) gesehen wird:

$$I = \sin^2\xi_1 \cos^2\xi_1 \{\sin^2\varphi - 2\sin\varphi \sin(\varphi-\varphi_1) + \sin^2(\varphi-\varphi_1)\}. \quad (5.7)$$

5.2. Abhängigkeit der Intensität von der Phasendifferenz und der Lage

Da die Intensität des austretenden Lichts nicht von der Phase der einfallenden Planwelle abhängen kann, muß sich $\varphi = \omega t$ eliminieren lassen. Dies geschieht durch Integration von (5.7) nach der Zeit über die Periode und Multiplikation mit $1/T$, d.h. Mittelwertbildung. Im einzelnen ist:

$$\begin{aligned}
\frac{1}{T} \int_{t=0}^{t=T} \sin^2 \varphi \, dt &= \frac{1}{T} \int_{t=0}^{t=T} \sin^2(\omega t) \, dt = \frac{1}{T} \int_{t=0}^{t=T} \frac{1 - \cos(2\omega t)}{2} dt \\
&= \frac{1}{T} \left\{ \frac{1}{2} \int_{t=0}^{t=T} dt - \frac{1}{4\omega} \int_{2\omega t=0}^{2\omega t=2\omega T} \cos(2\omega t) \, d(2\omega t) \right\} \\
&= \frac{1}{T} \left\{ \frac{1}{2} t \bigg|_{t=0}^{t=T} - \frac{1}{4\omega} \sin(2\omega t) \bigg|_{2\omega t=0}^{2\omega t=2\omega T} \right\} = \frac{1}{T} \left\{ \left(\frac{1}{2} T - 0 \right) - (0 - 0) \right\} = \frac{1}{2}
\end{aligned} \quad (5.8)$$

(da $2\omega T = 2 \left(2\pi \frac{1}{T} \right) T = 4\pi$ ist), ferner:

$$\begin{aligned}
\frac{1}{T} \int_{t=0}^{t=T} \sin \varphi \sin(\varphi - \varphi_1) \, dt &= \frac{1}{T} \int_{t=0}^{t=T} \sin \varphi (\sin \varphi \cos \varphi_1 - \cos \varphi \sin \varphi_1) \, dt \\
&= \frac{1}{T} \left\{ \cos \varphi_1 \int_{t=0}^{t=T} \sin^2 \varphi \, dt - \sin \varphi_1 \int_{t=0}^{t=T} \sin \varphi \cos \varphi \, dt \right\} \\
&= \frac{1}{T} \left\{ \cos \varphi_1 \int_{t=0}^{t=T} \sin^2(\omega t) \, dt - \sin \varphi_1 \int_{t=0}^{t=T} \sin(\omega t) \cos(\omega t) \, dt \right\} \\
&= \frac{1}{T} \left\{ \cos \varphi_1 \int_{t=0}^{t=T} \sin^2(\omega t) \, dt - \sin \varphi_1 \int_{t=0}^{t=T} \frac{\sin(2\omega t)}{2} dt \right\} \\
&= \frac{1}{T} \left\{ \cos \varphi_1 \int_{t=0}^{t=T} \sin^2(\omega t) \, dt - \frac{\sin \varphi_1}{4\omega} \int_{2\omega t=0}^{2\omega t=2\omega T} \sin(2\omega t) \, d(2\omega t) \right\} \\
&= \frac{1}{2} \cos \varphi_1 - \frac{\sin \varphi_1}{4\omega T} \left| -\cos(2\omega t) \right|_{2\omega t=0}^{2\omega t=2\omega T} \\
&= \frac{1}{2} \cos \varphi_1 - \frac{\sin \varphi_1}{4\omega T} \{(-1) - (-1)\} = \frac{1}{2} \cos \varphi_1,
\end{aligned} \quad (5.9)$$

und schließlich wegen (5.8):

$$\frac{1}{T}\int_{t=0}^{t=T} \sin^2(\varphi-\varphi_1) = \frac{1}{2}. \tag{5.10}$$

Mit (5.8) bis (5.10) wird aus (5.7):

$$\bar{I} = \sin^2 \xi_1 \cos^2 \xi_1 (1-\cos\varphi_1) = \frac{1}{2}\sin^2 2\xi_1 \sin^2\frac{\varphi_1}{2}$$

und mit (5.3) und (5.4):

$$\bar{I} = \frac{1}{2}\sin^2 2\xi_1 \sin^2\left(\pi\frac{R}{\lambda}\right). \tag{5.11}$$

Die Gl. (5.11) liefert drei für die Betrachtung im Parallellicht wichtige Ergebnisse:
Bei optischer Isotropie des Untersuchungsobjekts ist $R=0$, folglich $\sin(\pi R/\lambda)=0$ und $\bar{I}=0$, das Gesichtsfeld bei allen ξ_1, also während der vollen Drehung des Objekttisches dunkel. Bei optischer Anisotropie des Untersuchungsobjekts ist nur im besonderen $R=m\lambda$ (m ganze Zahl), folglich $\sin(\pi R/\lambda) = \sin(m\pi) = 0$ und $\bar{I}=0$, im allgemeinen aber $R \neq m\lambda$, folglich auch $\bar{I} \neq 0$, und dann eine Funktion $f(\sin^2 2\xi_1)$ des doppelten Drehwinkels. Dreht man ein anisotropes Präparat mit dem Objekttisch um 360°, so erscheint es demnach im Sonderfall dunkel, im Allgemeinfall aber aufgehellt, und zwar umso mehr, je näher R einem der Werte $\lambda/2, 3\lambda/2, \ldots$ liegt und wie Abb. 51 zeigt, viermal das durch R gegebene Maximum und viermal das Minimum der Intensität durchlaufend. Hierin liegt das Anisitropie-Isotropie-Kriterium der Diagnosepraxis.

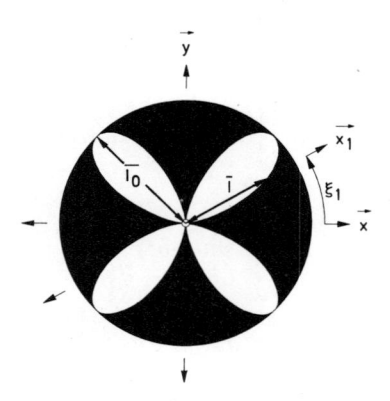

Abb. 51. Azimutale Intensitätscharakteristik einer mit Parallellicht der Intensität $\bar{I}_0$ beleuchteten Anordnung von Polarisator ($\vec{x}$), Untersuchungsobjekt ($\vec{x}_1$) und Analysator. Die vom Analysator durchgelassene Intensität $\bar{I}$ wird bei Diagonalstellung $=\bar{I}_0$ und bei Parallelstellung $=0$.

Ist das Untersuchungsobjekt optisch anisotrop, so hat es bei Beleuchtung mit monochromatischem Licht der Wellenlänge λ auch die (in ihrem Ton durch R bestimmte) Farbe λ und bei Beleuchtung mit Glühlicht, dessen sichtbarer Teil

5.2. Abhängigkeit der Intensität von der Phasendifferenz und der Lage

zwischen $\lambda \approx 400$ und 800 nm liegt, eine Interferenzfarbe, die dadurch zustande kommt, daß die zu einigen λ gehörigen R volle Intensität, die zu anderen λ gehörigen R dagegen die Intensität null zur Folge haben, außerdem natürlich alle möglichen Zwischenwerte auftreten. Das Licht der nicht ausgelöschten Wellenlängen setzt sich zur Komplementärfarbe der ausgelöschten zusammen. So ergibt z. B. ein 30 µm dickes, zwischen gekreuzten Nicols befindliches Präparat, dessen Doppelbrechung Δ zwischen 0,001 und 0,011 liegt, die aus Abb. 52 ablesbaren Intensitäten. Bei Doppelbrechungen im Intervall 0,012 bis 0,022 erhält man die Intensitäten Abb. 53, bei Parallelstellung der Nicols die jeweils daruntergesetzten Abb. 54 und 55. Wie man sieht, gehen die sich durch Kreuz-und Parallelstellung der Schwingungsrichtungen von Polarisator und Analysator unterscheidenden Abbildungen durch Spiegelung ineinander über.

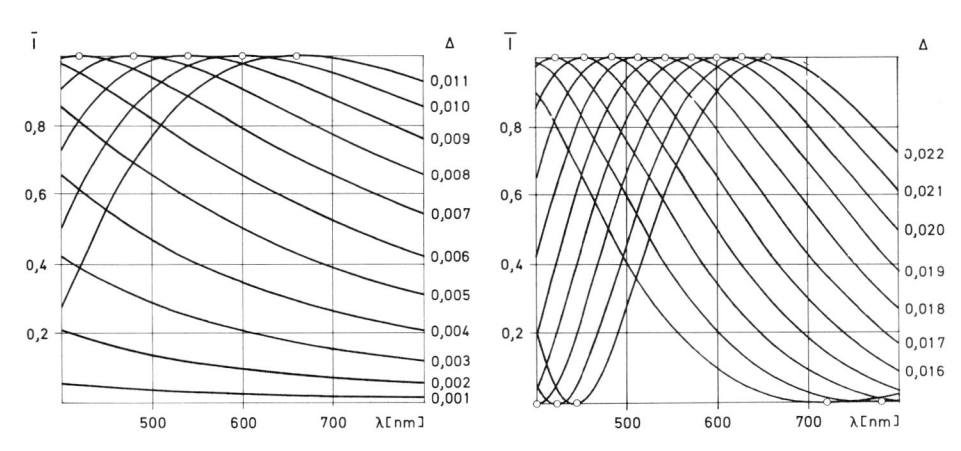

Abb. 52. Intensität $\bar{I} = f(\lambda)$ eines anisotropen Plättchens, dessen Dicke 30 µm, dessen Doppelbrechung $\Delta = 0{,}001; \ldots; 0{,}011$ beträgt, und das sich zwischen gekreuzten Nicols befindet. Die Interferenzfarben sind, in der gleichen Reihenfolge: eisengrau, lavendelgrau, graublau, klares Grau, fast reinweiß, strohgelb, lebhaft gelb, braungelb, braungelb, rotorange, tiefrot.

Abb. 53. Intensität $\bar{I} = f(\lambda)$ eines anisotropen Plättchens, dessen Dicke 30 µm, dessen Doppelbrechung $\Delta = 0{,}012; \ldots; 0{,}022$ beträgt, und das sich zwischen gekreuzten Nicols befindet. Die Interferenzfarben sind, in der gleichen Reihenfolge: indigo, himmelblau, grünlichblau, grün, helleres Grün, gelblichgrün, reingelb, orange, lebhaftorangerot, lebhaftorangerot, dunkelviolettrot.

Wie man aus (5.11) und den Legenden der Abb. 52 und 53 ersieht, wiederholt sich die Folge der Interferenzfarben. Im Bereich $R < \lambda$ erreicht keine Lichtart die höchstmögliche Intensität, gleichbedeutend mit einem Grauton. Im Bereich $R \approx \lambda$ durchlaufen die für den violetten und blauen Teil des Spektrums gültigen Intensitätskurven jeweils ihr erstes Minimum, tritt demnach das komplementäre Gelb hervor. Im Bereich $R > \lambda$ entfallen um so mehr der für Licht einer bestimmten Wellenlänge auch in einem bestimmten Abstand aufeinander folgenden Minima auf die durchstrahlte Präparatdicke, je größer sie ist, verflacht die Farbenfolge zunächst zu einem immer weniger prägnanten Rot-Grün-Wechsel und schließlich zum sog. Weiß der höheren Ordnung. Abb. 56 zeigt die enge Nachbarschaft der zu verschiedenen λ gehörigen Maxima und Minima im Falle eines dicken Präparats.

5. Intensität

Die Wiederkehr des Interferenzfarbenablaufs ermöglicht seine Einteilung in Ordnungen. Den kleinsten Gangunterschieden entsprechen die Interferenzfarben der I. Ordnung. Sie endet mit dem $R = 551$ nm entsprechenden Rot der

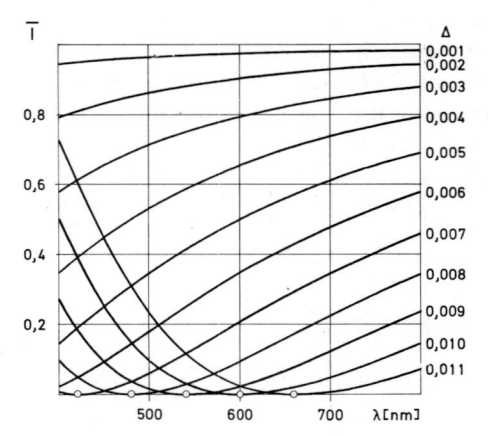

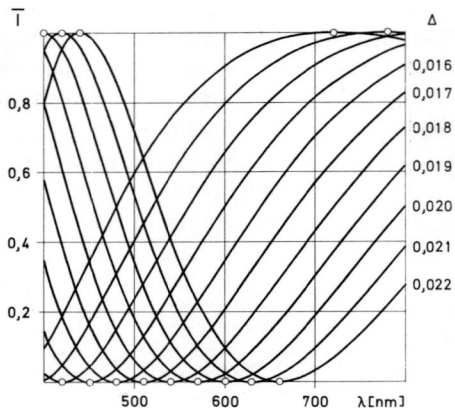

Abb. 54. Intensität $\bar{I} = f(\lambda)$ eines anisotropen Plättchens, dessen Dicke 30 μm, dessen Doppelbrechung $\varDelta = 0{,}001; \ldots$ beträgt, und das sich zwischen parallelen Nicols befindet.

Abb. 55. Intensität $\bar{I} = f(\lambda)$ eines anisotropen Plättchens, dessen Dicke 30 μm, dessen Doppelbrechung $\varDelta = 0{,}012; \ldots$ beträgt, und das sich zwischen parallelen Nicols befindet.

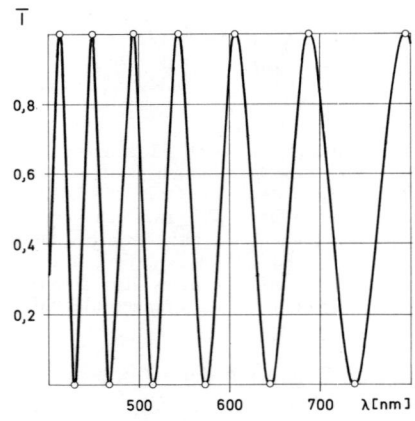

Abb. 56. Intensität in Abhängigkeit von der Wellenlänge im Falle eines das Weiß der höheren Ordnung zeigenden Präparats.

I. Ordnung, das teinte sensible genannt wird, da es bei relativ kleinen Gangunterschiedsabweichungen in besonders deutlich von ihm unterscheidbare andere Interferenzfarben übergeht. Man macht von dieser Eigenschaft diagnostisch durch Verwendung des sog. Plättchens vom Rot der I. Ordnung (oder λ-Plättchens) Gebrauch. Es ist so bemessen, daß Grün ausgelöscht wird (vgl. Abb. 57) und also komplementierendes Rot auftritt. Zur II. Ordnung rechnen die zu $R = 551$ nm bis $R = 2 \cdot 551$ nm gehörigen Interferenzfarben usw.

5.2. Abhängigkeit der Intensität von der Phasendifferenz und der Lage

Die gesamte Skala der Interferenzfarben stellte MICHEL-LEVY aufgrund der Gl. (5.3) farbig dar. Eine gelungene Reproduktion enthält der Artikel [22] von GAHM. Das Prinzip der Darstellung geht aus Abb. 58 hervor. Derjenige Gangunter-

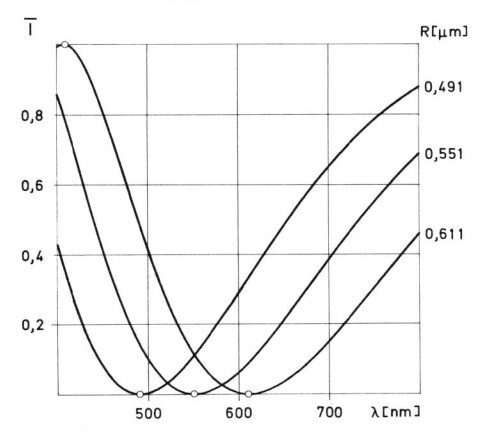

Abb. 57. Intensität in Abhängigkeit von der Wellenlänge im Falle eines Plättchens vom Rot der I. Ordnung.

schied R[nm], der gleich der Wellenlänge der durch Interferenz ausgelöschten Lichtart (d.h. gleich der Interferenzwellenlänge) ist, wurde auf der Ordinate abgetragen. Die Orte gleicher Interferenzwellenlänge sind demnach Parallelen zur Abszisse. Die Interferenzfarben nehmen deshalb abszissenparallele Streifen ein. Die Kurven konstanter Doppelbrechung haben den Anstieg R/D (mit D als Abszisse). Hat man z.B. in einem Dünnschliff der konventionellen Dicke von $D = 30 \mu m$ ein Korn, das in der Interferenzfarbe Hellgelb erscheint, so weist der durch 0 und den Schnittpunkt der Geraden $D = 30 \mu m$ mit dem hellgelben Streifen gezogene Strahl auf $\Delta = 0{,}009$ entsprechend z.B. Albit. Die Zuordnung eines Minerals zu einem bestimmten Δ beruht auf seiner Hauptdoppelbrechung $n_Z - n_X$.

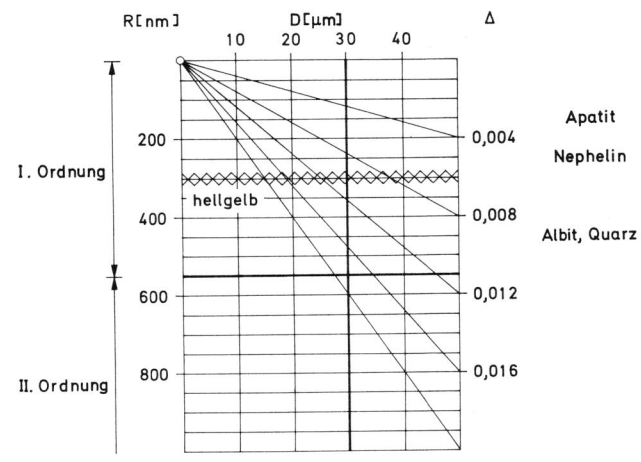

Abb. 58. Prinzip der Interferenzfarbentafel von MICHEL-LEVY.

Ist das Untersuchungsobjekt wiederum optisch anisotrop, so löscht es immer dann aus, wenn seine Schwingungsrichtungen denen von Polarisator und Analysator parallel sind. Läßt das Kristallkorn (an Kanten oder Spaltrissen) eine kristallographisch ausgezeichnete Richtung erkennen, so sind wegen der symmetriebedingt verschiedenen Relativlage von Symmetrieelementen und Indexfläche (vgl. Abb. 8, 10, 12) folgende Fälle möglich. Erstens: Das Korn löscht aus, wenn die ausgezeichnete Richtung mit den Fäden des Okularfadenkreuzes, damit den Schwingungsrichtungen von Polarisator und Analysator übereinstimmt (oder zwei ausgezeichnete Richtungen zu den Fäden symmetrisch sind). In diesem Fall spricht man von gerader (symmetrischer) Auslöschung in bezug auf die ausgezeichnete(n) Richtung(en) (Abb. 59). Zweitens: Das Korn löscht aus, wenn die ausgezeichnete Richtung mit dem nächstliegenden Faden des Okularfadenkreuzes einen Winkel σ einschließt. In diesem Fall spricht man von schiefer Auslöschung in bezug auf die ausgezeichnete Richtung (Abb. 60), und der Winkel σ kennzeichnet die sog. Auslöschungsschiefe. Trikline Kristalle zeigen i. allg. schiefe Auslöschung. Monokline Kristalle weisen im allgemeinen schiefe und speziell bei Schnitten parallel der b-Achse gerade Auslöschung auf. Rhombische Kristalle geben im allgemeinen schiefe und speziell bei Schnitten parallel einer Digyre oder einer Spiegelebene gerade Auslöschung zu erkennen. Tetragonale, trigonal-rhomboedrische und hexagonale Kristalle haben bei Prismenschnitten gerade, bei zur c-Achse geneigten Schnitten symmetrische Auslöschung.

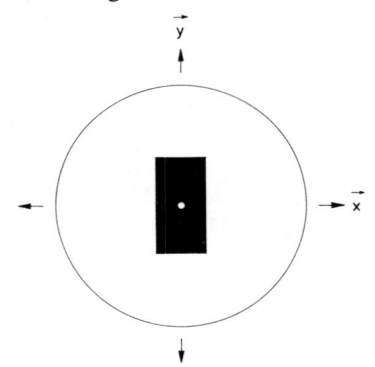

Abb. 59. Beispiel in bezug auf die Kanten gerader Auslöschung.

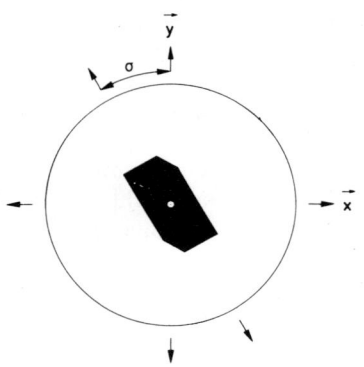

Abb. 60. Beispiel in bezug auf die Kanten schiefer Auslöschung.

5.2.2. Zwei anisotrope Plättchen

Hat man außer dem Untersuchungsobjekt noch ein Hilfspräparat mit den Schwingungsrichtungen $\vec{x_2}$, $\vec{y_2}$ im Strahlengang, und schließt $\vec{x_2}$ mit $\vec{x}$ den Winkel ξ_2 ein (Abb. 61), so sind, von (5.5) ausgehend, zunächst die Komponenten a_{x2} und a_{y2} zu bilden. Man erhält:

$$a_{x2} = \sin\varphi\cos\xi_1\cos(\xi_2-\xi_1)-\sin(\varphi-\varphi_1)\sin\xi_1\sin(\xi_2-\xi_1),$$
$$a_{y2} = -\sin(\varphi-\varphi_2)\cos\xi_1\sin(\xi_2-\xi_1)-\sin(\varphi-\varphi_1-\varphi_2)\sin\xi_1\cos(\xi_2-\xi_1).$$

5.2.2. Zwei anisotrope Plättchen

Beim Eintritt in den Analysator entsteht (vgl. Abb. 62) die linear polarisierte Resultierende:

$$a_y = \cos(\xi_3 - \xi_2)\{\sin\varphi\cos\xi_1\cos(\xi_2 - \xi_1) \\ - \sin(\varphi - \varphi_1)\sin\xi_1\sin(\xi_2 - \xi_1)\} \\ - \sin(\xi_3 - \xi_2)\{\sin(\varphi - \varphi_2)\cos\xi_1\sin(\xi_2 - \xi_1) \\ + \sin(\varphi - \varphi_1 - \varphi_2)\sin\xi_1\cos(\xi_2 - \xi_1)\}. \quad (5.12)$$

Quadrieren von (5.12) ergibt als Ausdruck für die Intensität nunmehr:

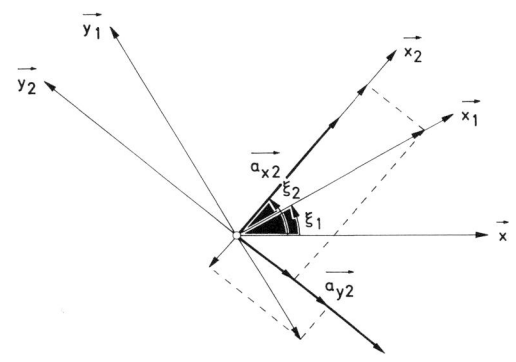

Abb. 61. Lage der Schwingungsrichtungen $\bar{x}_1^{\cdot}, \bar{y}_1^{\cdot}$ des ersten und der Schwingungsrichtungen $\bar{x}_2^{\cdot}, \bar{y}_2^{\cdot}$ des zweiten anisotropen Plättchens, wenn man der Fortpflanzungsrichtung der Planwelle entgegenblickt.

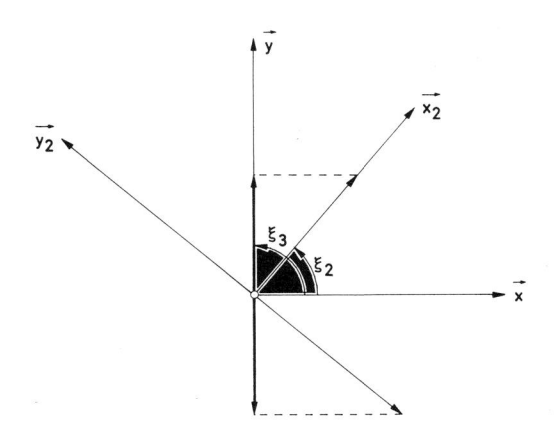

Abb. 62. Lage der Schwingungsrichtungen $\bar{x}_2^{\cdot}, \bar{y}_2^{\cdot}$ des zweiten anisotropen Plättchens und der Schwingungsrichtung $\bar{x}_3^{\cdot}$ des Analysators, wenn man der Fortpflanzungsrichtung der Planwelle entgegenblickt.

$$I = \cos^2(\xi_3 - \xi_2)\{\cos^2\xi_1\cos^2(\xi_2 - \xi_1)\sin^2\varphi - 2\sin\xi_1\cos\xi_1\sin(\xi_2 - \xi_1) \\ \cdot \cos(\xi_2 - \xi_1)\sin\varphi\sin(\varphi - \varphi_1) + \sin^2\xi_1\sin^2(\xi_2 - \xi_1)\sin^2(\varphi - \varphi_1)\} \\ - 2\sin(\xi_3 - \xi_2)\cos(\xi_3 - \xi_2)\{\cos^2\xi_1\sin(\xi_2 - \xi_1)\cos(\xi_2 - \xi_1)\sin\varphi \\ \cdot \sin(\varphi - \varphi_2) + \sin\xi_1\cos\xi_1\cos^2(\xi_2 - \xi_1)\sin\varphi\sin(\varphi - \varphi_1 - \varphi_2)$$

$$-\sin\xi_1\cos\xi_1\sin^2(\xi_2-\xi_1)\sin(\varphi-\varphi_1)\sin(\varphi-\varphi_2)-\sin^2\xi_1$$
$$\cdot\sin(\xi_2-\xi_1)\cos(\xi_2-\xi_1)\sin(\varphi-\varphi_1)\sin(\varphi-\varphi_1-\varphi_2)\}+\sin^2(\xi_3-\xi_2)$$
$$\cdot\{\cos^2\xi_1\sin^2(\xi_2-\xi_1)\sin^2(\varphi-\varphi_2)+2\sin\xi_1\cos\xi_1\sin(\xi_2-\xi_1)\cos(\xi_2-\xi_1)$$
$$\cdot\sin(\varphi-\varphi_2)\sin(\varphi-\varphi_1-\varphi_2)+\sin^2\xi_1\cos^2(\xi_2-\xi_1)\sin^2(\varphi-\varphi_1-\varphi_2)\}.$$

Zur Mittelwertbildung dienen (5.8) bis (5.10) sowie:

$$\frac{1}{T}\int_{t=0}^{t=T}\sin(\varphi-\varphi_1)\sin(\varphi-\varphi_2)dt$$

$$=\frac{1}{T}\int_{t=0}^{t=T}\{(\sin\varphi\cos\varphi_1-\cos\varphi\sin\varphi_1)(\sin\varphi\cos\varphi_2-\cos\varphi\sin\varphi_2)\}dt$$

$$=\frac{1}{T}\int_{t=0}^{t=T}\{\sin^2\varphi\cos\varphi_1\cos\varphi_2-\sin\varphi\cos\varphi\sin(\varphi_1+\varphi_2)+\cos^2\varphi\sin\varphi_1\sin\varphi_2\}dt$$

$$=\tfrac{1}{2}\cos\varphi_1\cos\varphi_2+\tfrac{1}{2}\sin\varphi_1\sin\varphi_2=\tfrac{1}{2}\cos(\varphi_1-\varphi_2).$$

(Im Vergleich zu (5.8) ändert sich wegen $\cos^2\varphi=\{1+\cos(2\varphi)\}/2$ nur das Vorzeichen. Die Integration des zweiten Gliedes liefert ohnehin 0.)

Die Anwendung dieser Beziehungen ergibt die Intensität:

$$2\bar{I}=\cos^2(\xi_3-\xi_2)\{\cos^2\xi_1\cos^2(\xi_2-\xi_1)-2\sin\xi_1\cos\xi_1\sin(\xi_2-\xi_1)$$
$$\cdot\cos(\xi_2-\xi_1)\cos\varphi_1+\sin^2\xi_1\sin^2(\xi_2-\xi_1)\}-2\sin(\xi_3-\xi_2)\cos(\xi_3-\xi_2)$$
$$\cdot\{\cos^2\xi_1\sin(\xi_2-\xi_1)\cos(\xi_2-\xi_1)\cos\varphi_2+\sin\xi_1\cos\xi_1\cos^2(\xi_2-\xi_1)$$
$$\cdot\cos(\varphi_1+\varphi_2)-\sin\xi_1\cos\xi_1\sin^2(\xi_2-\xi_1)\cos(\varphi_1-\varphi_2)-\sin^2\xi_1$$
$$\cdot\sin(\xi_2-\xi_1)\cos(\xi_2-\xi_1)\cos\varphi_2\}+\sin^2(\xi_3-\xi_2)\{\cos^2\xi_1\sin^2(\xi_2-\xi_1)$$
$$+2\sin\xi_1\cos\xi_1\sin(\xi_2-\xi_1)\cos(\xi_2-\xi_1)\cos\varphi_1+\sin^2\xi_1\cos^2(\xi_2-\xi_1)\}.$$

Die Einführung von $\cos\varphi_1=1-2\sin^2(\varphi_1/2)$ u. e. liefert:

$$2\bar{I}=\cos^2(\xi_3-\xi_2)\{\cos^2\xi_1\cos^2(\xi_2-\xi_1)-2\sin\xi_1\cos\xi_1\sin(\xi_2-\xi_1)$$
$$\cdot\cos(\xi_2-\xi_1)+4\sin\xi_1\cos\xi_1\sin(\xi_2-\xi_1)\cos(\xi_2-\xi_1)\sin^2(\varphi_1/2)$$
$$+\sin^2\xi_1\sin^2(\xi_2-\xi_1)\}-2\sin(\xi_3-\xi_2)\cos(\xi_3-\xi_2)[\cos^2\xi_1\sin(\xi_2-\xi_1)$$
$$\cdot\cos(\xi_2-\xi_1)-2\cos^2\xi_1\sin(\xi_2-\xi_1)\cos(\xi_2-\xi_1)\sin^2(\varphi_2/2)+\sin\xi_1\cos\xi_1$$
$$\cdot\cos^2(\xi_2-\xi_1)-2\sin\xi_1\cos\xi_1\cos^2(\xi_2-\xi_1)\sin^2\{(\varphi_1+\varphi_2)/2\}$$
$$-\sin\xi_1\cos\xi_1\sin^2(\xi_2-\xi_1)+2\sin\xi_1\cos\xi_1\sin^2(\xi_2-\xi_1)\sin^2\{(\varphi_1-\varphi_2)/2\}$$
$$-\sin^2\xi_1\sin(\xi_2-\xi_1)\cos(\xi_2-\xi_1)+2\sin^2\xi_1\sin(\xi_2-\xi_1)\cos(\xi_2-\xi_1)$$
$$\cdot\sin^2(\varphi_2/2)]+\sin^2(\xi_3-\xi_2)\{\cos^2\xi_1\sin^2(\xi_2-\xi_1)+2\sin\xi_1\cos\xi_1$$
$$\cdot\sin(\xi_2-\xi_1)\cos(\xi_2-\xi_1)-4\sin\xi_1\cos\xi_1\sin(\xi_2-\xi_1)\cos(\xi_2-\xi_1)$$
$$\cdot\sin^2(\varphi_1/2)+\sin^2\xi_1\cos^2(\xi_2-\xi_1)\}.$$

5.2.2. Zwei anisotrope Plättchen

Der φ_n-freie Teil läßt sich wie folgt vereinfachen:

$\cos^2(\xi_3-\xi_2)\{\cos^2\xi_1\cos^2(\xi_2-\xi_1)-2\sin\xi_1\cos\xi_1$
$\cdot\sin(\xi_2-\xi_1)\cos(\xi_2-\xi_1)+\sin^2\xi_1\sin^2(\xi_2-\xi_1)\}$
$=\cos^2(\xi_3-\xi_2)\{\cos\xi_1\cos(\xi_2-\xi_1)-\sin\xi_1\sin(\xi_2-\xi_1)\}^2$
$=\cos^2(\xi_3-\xi_2)\cos^2\xi_2 - 2\sin(\xi_3-\xi_2)\cos(\xi_3-\xi_2)\{\cos^2\xi_1$
$\quad\cdot\sin(\xi_2-\xi_1)\cos(\xi_2-\xi_1)+\sin\xi_1\cos\xi_1\cos^2(\xi_2-\xi_1)$
$\quad-\sin\xi_1\cos\xi_1\sin^2(\xi_2-\xi_1)-\sin^2\xi_1\sin(\xi_2-\xi_1)\cos(\xi_2-\xi_1)\}$
$=-2\sin(\xi_3-\xi_2)\cos(\xi_3-\xi_2)[\cos 2\xi_1\sin(\xi_2-\xi_1)$
$\quad\cdot\cos(\xi_2-\xi_1)+\sin\xi_1\cos\xi_1\cos\{2(\xi_2-\xi_1)\}]$
$=-\sin(\xi_3-\xi_2)\cos(\xi_3-\xi_2)[\cos 2\xi_1\sin\{2(\xi_2-\xi_1)\}+\sin 2\xi_1\cos\{2(\xi_2-\xi_1)\}]$
$=-\sin(\xi_3-\xi_2)\cos(\xi_3-\xi_2)\sin 2\xi_2$
$=-2\sin(\xi_3-\xi_2)\cos(\xi_3-\xi_2)\sin\xi_2\cos\xi_2\sin^2(\xi_3-\xi_2)\{\cos^2\xi_1\sin^2(\xi_2-\xi_1)$
$\quad+2\sin\xi_1\cos\xi_1\sin(\xi_2-\xi_1)\cos(\xi_2-\xi_1)+\sin^2\xi_1\cos^2(\xi_2-\xi_1)\}$
$=\sin^2(\xi_3-\xi_2)\{\sin\xi_1\cos(\xi_2-\xi_1)+\cos\xi_1\sin(\xi_2-\xi_1)\}^2$
$=\sin^2(\xi_3-\xi_2)\sin^2\xi_2.$

Insgesamt hat man also:

$\cos^2(\xi_3-\xi_2)\cos^2\xi_2-2\sin(\xi_3-\xi_2)\cos(\xi_3-\xi_2)\sin\xi_2\cos\xi_2+\sin^2(\xi_3-\xi_2)\sin^2\xi_2$
$=\{\cos(\xi_3-\xi_2)\cos\xi_2-\sin(\xi_3-\xi_2)\sin\xi_2\}^2=\cos^2\xi_3.$ (5.13)

Der φ_n-haltige Teil läßt sich folgendermaßen zusammenfassen:

$\left.\begin{array}{l}\cos^2(\xi_3-\xi_2)\{4\sin\xi_1\cos\xi_1\sin(\xi_2-\xi_1)\cos(\xi_2-\xi_1)\sin^2(\varphi_1/2)\}\\-\sin^2(\xi_3-\xi_2)\{4\sin\xi_1\cos\xi_1\sin(\xi_2-\xi_1)\cos(\xi_2-\xi_1)\sin^2(\varphi_1/2)\}\\=\sin(2\xi_1)\sin\{2(\xi_2-\xi_1)\}\cos\{2(\xi_3-\xi_2)\}\sin^2(\varphi_1/2),\end{array}\right\}$ (5.14)

$\left.\begin{array}{l}-2\sin(\xi_3-\xi_2)\cos(\xi_3-\xi_2)\{-2\cos^2\xi_1\sin(\xi_2-\xi_1)\cos(\xi_2-\xi_1)\\\quad\cdot\sin^2(\varphi_2/2)+2\sin^2\xi_1\sin(\xi_2-\xi_1)\cos(\xi_2-\xi_1)\sin^2(\varphi_2/2)\}\\=\cos(2\xi_1)\sin\{2(\xi_2-\xi_1)\}\sin\{2(\xi_3-\xi_2)\}\sin^2(\varphi_2/2),\end{array}\right\}$ (5.15)

$\left.\begin{array}{l}-2\sin(\xi_3-\xi_2)\\\quad\cdot\cos(\xi_3-\xi_2)[-2\sin\xi_1\cos\xi_1\cos^2(\xi_2-\xi_1)\sin^2\{(\varphi_1+\varphi_2)/2\}]\\=\sin(2\xi_1)\cos^2(\xi_2-\xi_1)\sin\{2(\xi_3-\xi_2)\}\sin^2\{(\varphi_1+\varphi_2)/2\},\end{array}\right\}$ (5.16)

$\left.\begin{array}{l}-2\sin(\xi_3-\xi_2)\cos(\xi_3-\xi_2)[2\sin\xi_1\cos\xi_1\sin^2(\xi_2-\xi_1)\\\quad\cdot\sin^2\{(\varphi_1-\varphi_2)/2\}]\\=-\sin(2\xi_1)\sin^2(\xi_2-\xi_1)\sin\{2(\xi_3-\xi_2)\}\sin^2\{(\varphi_1-\varphi_2)/2\}.\end{array}\right\}$ (5.17)

Die Zusammenfassung von (5.13) bis (5.17) führt auf:

$2\bar{I}=\cos^2\xi_3+\sin(2\xi_1)\sin\{2(\xi_2-\xi_1)\}\cos\{2(\xi_3-\xi_2)\}\sin^2(\varphi_1/2)$
$\quad+\cos(2\xi_1)\sin\{2(\xi_2-\xi_1)\}\sin\{2(\xi_3-\xi_2)\}\sin^2(\varphi_2/2)$
$\quad+\sin(2\xi_1)\cos^2(\xi_2-\xi_1)\sin\{2(\xi_3-\xi_2)\}\sin^2\{(\varphi_1+\varphi_2)/2\}$
$\quad-\sin(2\xi_1)\sin^2(\xi_2-\xi_1)\sin\{2(\xi_3-\xi_2)\}\sin^2\{(\varphi_1-\varphi_2)/2\}.$

Es ist üblich, diese Gleichung mit Hilfe von (5.3) und (5.4) in die Form:

$$\begin{aligned}2\bar{I}=&\cos^2\xi_3+\sin(2\xi_1)\sin\{2(\xi_2-\xi_1)\}\cos\{2(\xi_3-\xi_2)\}\sin^2\left(\pi\frac{R_1}{\lambda}\right)\\&+\cos(2\xi_1)\sin\{2(\xi_2-\xi_1)\}\sin\{2(\xi_3-\xi_2)\}\sin^2\left(\pi\frac{R_2}{\lambda}\right)\\&+\sin(2\xi_1)\cos^2(\xi_2-\xi_1)\sin\{2(\xi_3-\xi_2)\}\sin^2\left\{\pi\left(\frac{R_1+R_2}{\lambda}\right)\right\}\\&-\sin(2\xi_1)\sin^2(\xi_2-\xi_1)\sin\{2(\xi_3-\xi_2)\}\sin^2\left\{\pi\left(\frac{R_1-R_2}{\lambda}\right)\right\}\end{aligned} \qquad (5.18)$$

zu bringen. (5.18) heißt *Fresnel*sche Intensitätsformel. Meistens wird diese Bezeichnung jedoch auf ihren Sonderfall (5.11) angewandt.

6. Mikroskopische Messung der Doppelbrechung

Das Prinzip der Doppelbrechungsmessung besteht darin, die in der Austrittsfläche des Untersuchungsobjekts entstehende i. allg. elliptisch polarisierte Welle durch ein Hilfspräparat zu einer linear polarisierten zu machen, da diese (durch Senkrechtstellung der Analysatorschwingungsrichtung) als solche erkannt werden kann. Das Hilfspräparat muß demnach den vorhandenen Gangunterschied entweder bei fester (nämlich, s. Abschn. 5.2.2, Diagonal-) Lage seiner Schwingungsrichtungen durch einen variablen Gangunterschied oder bei festem Gangunterschied durch eine variable Lage seiner Schwingungsrichtungen auf ganze Vielfache von λ (im Falle gekreuzter Nicols) oder von $\lambda/2$ (im Falle paralleler Nicols) abzugleichen, d. h. zu kompensieren erlauben. Das Hilfspräparat heißt deshalb Kompensator. Vom gemessenen Gangunterschied des Untersuchungsobjekts läßt sich gemäß (5.3) bei bekannter Dicke auf die Doppelbrechung (und bei bekannter Doppelbrechung auf die Dicke) schließen.

Die Variation des Gangunterschieds kann durch kontinuierliche Dickenänderung, d. h. Einschieben eines Keils in den Strahlengang oder kontinuierliche (Dicken- und) Doppelbrechungsänderung, d. h. Drehen eines Plättchens im Strahlengang erreicht werden. Dementsprechend unterscheidet man Keil- und Drehkompensatoren. Der klassische Keilkompensator stammt von BABINET. Er hat gegenüber Drehkompensatoren die Nachteile der höheren Herstellungskosten und vor allem des größeren Raumbedarfs, der sich so auswirkt, daß man ihn nicht in den für Hilfspräparate vorgesehenen Tubusschlitz einführen kann, sondern auf den Tubus setzen muß und folglich statt des eingebauten Analysators einen sog. Aufsatzanalysator zu verwenden hat. Der *Babinet*-Kompensator wurde inzwischen von den beiden Drehkompensatoren, dem *Berek*- und dem *Ehringhaus*-Kompensator verdrängt.

Die Variation der Lage setzt ein Plättchen voraus, dessen Normale mit der Tubusachse übereinstimmt und das um diese Normale als Achse drehbar ist. So eingerichtete Kompensatoren heißen elliptische.

6.1. Berek-Kompensator

Trifft monochromatisches, linear polarisiertes Parallellicht auf eine gemäß Abb. 63 gedrehte Platte, so wird es infolge Doppelbrechung in zwei Anteile zerlegt, die die durch G_2'' und L verlaufende Gerade mit der Zeitdifferenz:

$$\Delta t = \overline{G_1 G_2'}/v' + \overline{G_2' L}/v - \overline{G_1 G_2''}/v''$$

erreichen. Wegen $\overline{G_1 G_2'} = \overline{G_1 L_1}/\cos\beta_1'$, $\overline{G_2' L} = \sin\alpha_1 (\overline{G_1 G_2''}\sin\beta_1'' - \overline{G_1 G_2'}\sin\beta_1')$, $\overline{G_1 G_2''} = \overline{G_1 L_1}/\cos\beta_1''$, ferner $\overline{G_1 L_1} = D_K$ sowie $(\sin\alpha_1)/v = (\sin\beta_1')/v' = (\sin\beta_1'')/v''$

70 6. Mikroskopische Messung der Doppelbrechung

erhält man als Wegdifferenz, damit Gangunterschied R_K des Kompensatorplättchens den Ausdruck:

$$R_K = D_K \sin \alpha_1 (\cot \beta'_1 - \cot \beta''_1). \tag{6.1}$$

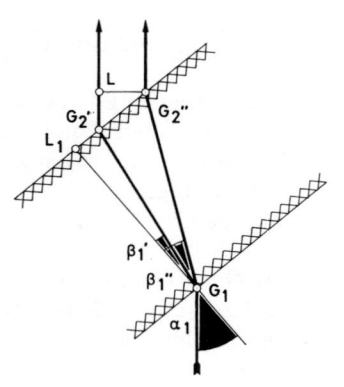

Abb. 63. Entstehung eines Gangunterschieds in einem gedrehten Plättchen.

BEREK ([23] und [24]) wählte als Material den negativ doppelbrechenden Kalkspat und als Orientierung die senkrecht zur optischen Achse (Abb. 64).

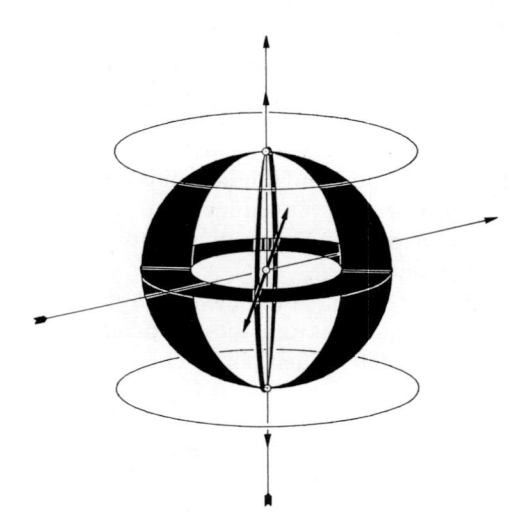

Abb. 64. Indexfläche und Drehachse (dicker Doppelpfeil) beim in Nullstellung befindlichen *Berek*-Kompensator. Nach oben weisender Pfeil: optische Achse des Mikroskops. Nach rechts weisender Pfeil: Blickrichtung des geradeaus sehenden Beobachters. Dünner Doppelpfeil: optische Achse des Plättchens.

Die in (6.1) vorkommenden Brechungswinkel lassen sich wie folgt durch die Hauptbrechungszahlen und den Einfallswinkel ersetzen:

6.1. Berek-Kompensator

$$\cot\beta'_1 \begin{vmatrix} \sin^2\beta'_1 + \cos^2\beta'_1 = 1 \\ \sin\alpha_1/\sin\beta'_1 = n_0 \end{vmatrix} \cot\beta'_1 = \frac{\sqrt{n_0^2 - \sin^2\alpha_1}}{\sin\alpha_1}$$

$$\cot\beta''_1 \begin{vmatrix} \dfrac{\sin^2\beta''_1}{n_E^2} + \dfrac{\cos^2\beta''_1}{n_0^2} = \dfrac{1}{n_E'^2} \\ \sin\alpha_1/\sin\beta''_1 = n'_E \end{vmatrix} \cot\beta''_1 = \frac{n_0}{n_E}\frac{\sqrt{n_E^2 - \sin^2\alpha_1}}{\sin\alpha_1}$$

Einsetzen in (6.1) ergibt:

$$R_K = D_K n_0 \left(\sqrt{1 - \frac{\sin^2\alpha_1}{n_0^2}} - \sqrt{1 - \frac{\sin^2\alpha_1}{n_E^2}} \right). \tag{6.2}$$

α_1 ist offenbar zugleich Lichtaustritts- und Drehwinkel. Er läßt sich an einer Trommel auf Zehntelgrade ablesen. Um einseitige Fehler auszuschließen, wird die Trommel einmal links-, dann rechtsherum bis zur Kompensation gedreht und der Mittelwert genommen. Den zu ihm gehörigen Gangunterschied kann man z. B. einer mitgelieferten Funktionstafel entnehmen, die auf folgender Überlegung beruht.

(6.2) enthält zwei Wurzelausdrücke, die als binomische Reihe:

$$\sqrt{1 - \frac{\sin^2\alpha_1}{n_0^2}} = 1 - \frac{1}{2}\frac{\sin^2\alpha_1}{n_0^2} - \frac{1}{2\cdot 4}\frac{\sin^4\alpha_1}{n_0^4} - \frac{1\cdot 3}{2\cdot 4\cdot 6}\frac{\sin^6\alpha_1}{n_0^6} - \cdots$$

u. e. geschrieben werden können. Durch Einsetzen in (6.2), Berücksichtigung von:

$$\frac{1}{n_E^4} - \frac{1}{n_0^4} = \left(\frac{1}{n_E^2} - \frac{1}{n_0^2}\right)\left(\frac{1}{n_E^2} + \frac{1}{n_0^2}\right),$$

$$\frac{1}{n_E^6} - \frac{1}{n_0^6} = \left(\frac{1}{n_E^2} - \frac{1}{n_0^2}\right)\left(\frac{1}{n_E^4} + \frac{1}{n_E^2 n_0^2} + \frac{1}{n_0^4}\right)$$

und Abkürzung:

$$C_\lambda = \frac{D_K}{2}\left(\frac{n_0^2 - n_E^2}{n_0^2 n_E^2}\right)$$

ergibt sich:

$$R_K = C_\lambda \sin^2\alpha_1 \left\{ 1 + \frac{\sin^2\alpha_1}{4}\left(\frac{1}{n_E^2} + \frac{1}{n_0^2}\right) + \frac{\sin^4\alpha_1}{8}\left(\frac{1}{n_E^4} + \frac{1}{n_E^2 n_0^2} + \frac{1}{n_0^4}\right) \right\}.$$

Man darf die in der geschweiften Klammer stehenden n_E und n_0 näherungsweise als von λ unabhängig betrachten und setzen:

$$R_K = C_\lambda \sin^2\alpha_1 (1 + 0{,}2040 \sin^2\alpha_1 + 0{,}0627 \sin^4\alpha_1) = C_\lambda f(\alpha_1).$$

C_λ heißt Kompensatorkonstante. Der Hersteller gibt die Größe von C_λ für C, D, F und den konventionellen Schwerpunkt $\lambda = 551\,\mathrm{nm}$ des Tageslichts bekannt

72 6. Mikroskopische Messung der Doppelbrechung

und eine Funktionstafel für $f(\alpha_1)$ bei. Der Meßbereich beträgt $3\frac{1}{2}\lambda$. Bezüglich der Meßgenauigkeit s. Mosebach [25] bis [27] sowie Rath [28] und [29].

6.2. Ehringhaus-Kompensator

Ehringhaus ([30] und [31]) zeigte, daß sich zwei Platten aus einem optisch einachsigen Kristall mit positivem Charakter der Doppelbrechung, die gleich dick, parallel zur optischen Achse geschliffen und unter 90° (Abb. 65) miteinander verkittet worden sind, genau so verhalten wie eine einzelne Platte aus einem optisch einachsigen Kristall mit negativem Charakter der Doppelbrechung und zur optischen Achse senkrechten Oberflächen (Abb. 64). Man nennt eine solche Anordnung zweier Präparate Kombinationsplatte.

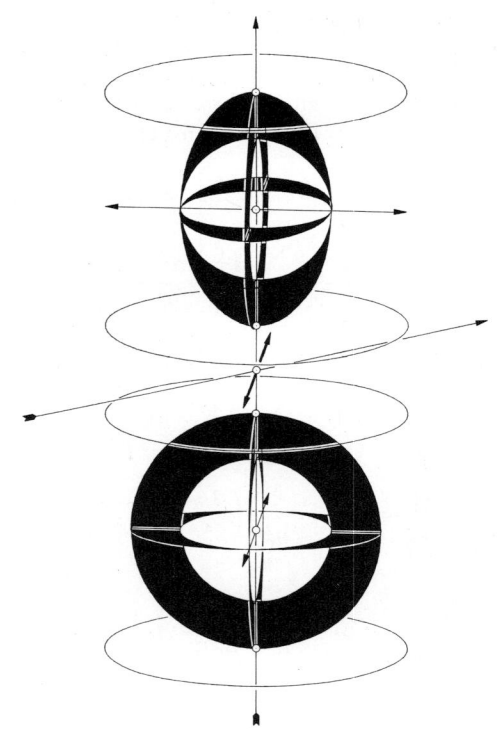

Abb. 65. Indexfläche und Drehachse (dicker Doppelpfeil) beim in Nullstellung befindlichen *Ehringhaus*-Kompensator. Nach oben weisender Pfeil: optische Achse des Mikroskops. Nach rechts weisender Pfeil: Blickrichtung des geradeaus sehenden Beobachters. Dünne Doppelpfeile: optische Achsen der beiden Plättchen. Drehachse und optische Achse des unteren Plättchens fallen zusammen.

Als Material nahm Ehringhaus Quarz. Er hat gegenüber Kalkspat den Vorteil, schlecht spaltbar und relativ hart zu sein, sich also gut schleifen zu lassen, und den Nachteil, optische Aktivität zu zeigen (vgl. Abschn. 6.4). Sie bewirkt, daß sich die beiden Schalen der Indexfläche nicht berühren, sondern nur sehr stark nähern, die Doppelbrechung in Richtung der kristallographischen Haupt-

6.2. Ehringhaus-Kompensator

achse nicht verschwindet, sondern minimal wird. Es ist aber (mindestens für Zwecke der allgemeinen Kristalldiagnose) praktischer, auch dem Quarz eine optische Achse zuzusprechen (und keine neuen Begriffe einzuführen). Definiert man nämlich (vgl. Abschn. 2.2) als optische Achsen nur Richtungen mit verschwindender Doppelbrechung, so hätten isotrope Körper unendlich viele optische Achsen und z. B. Kristalle mit einer drei-, vier-, oder sechszähligen Hauptachse nur bei fehlender optischer Aktivität eine optische Achse. Läßt man dagegen als optische Achsen alle Richtungen mit minimaler Doppelbrechung zu, so haben isotrope Körper keine optische Achse, denn es existiert kein Minimum, und z. B. Kristalle mit einer drei-, vier- oder sechszähligen Hauptachse auch bei vorhandener optischer Aktivität eine optische Achse.

Bei der Behandlung der Arbeitsweise des *Ehringhaus*-Kompensators braucht die optische Aktivität nicht berücksichtigt zu werden. Verfolgt man zunächst den Lichtweg durch die untere Platte, so hat man (vgl. (6.1)) β'_1 und β''_1 wie folgt zu substituieren:

$\cot \beta'_1$	$\sin^2 \beta'_1 + \cos^2 \beta'_1 = 1$ $\sin \alpha_1 / \sin \beta'_1 = n_0$	$\cot \beta'_1 = \dfrac{\sqrt{n_0^2 - \sin^2 \alpha_1}}{\sin \alpha_1}$
$\cot \beta''_1$	$\sin^2 \beta''_1 + \cos^2 \beta''_1 = 1$ $\sin \alpha_1 / \sin \beta''_1 = n_E$	$\cot \beta''_1 = \dfrac{\sqrt{n_E^2 - \sin^2 \alpha_1}}{\sin \alpha_1}$

damit:

$$R_u = D_u (\sqrt{n_0^2 - \sin^2 \alpha_1} - \sqrt{n_E^2 - \sin^2 \alpha_1}).$$

Für das obere Plättchen gilt:

$\cot \beta'_1$	$\sin^2 \beta'_1 + \cos^2 \beta'_1 = 1$ $\sin \alpha_1 / \sin \beta'_1 = n_0$	$\cot \beta'_1 = \dfrac{\sqrt{n_0^2 - \sin^2 \alpha_1}}{\sin \alpha_1}$
$\cot \beta''_1$	$\sin^2 \beta''_1 / n_0^2 + \cos^2 \beta''_1 / n_E^2 = 1/n_E'^2$ $\sin \alpha_1 / \sin \beta''_1 = n_E'$	$\cot \beta''_1 = \dfrac{n_E}{n_0} \dfrac{\sqrt{n_0^2 - \sin^2 \alpha_1}}{\sin \alpha_1}$

also:

$$R_o = D_o \left(\sqrt{n_0^2 - \sin^2 \alpha_1} - \frac{n_E}{n_0} \sqrt{n_0^2 - \sin^2 \alpha_1} \right).$$

Demnach ist:

$$R_K = R_u - R_o = D_K n_E \left(\sqrt{1 - \frac{\sin^2 \alpha_1}{n_0^2}} - \sqrt{1 - \frac{\sin^2 \alpha_1}{n_E^2}} \right).$$

α_1 wird wie beim *Berek*-Kompensator durch Drehung ermittelt. Zur Auswertung der Meßergebnisse wurde dagegen ein einfacherer Weg gewählt und die gesamte rechte Seite der Gleichung in Abhängigkeit von der Wellenlänge tabelliert. Der Meßbereich liegt bei 7λ. Sonderausführungen gestatten, über 100λ zu erfassen. Zur Meßgenauigkeit s. außer den unter (6.1) zitierten Arbeiten von MOSEBACH noch RATH [32].

6.3. Elliptischer Kompensator

Der elliptische Kompensator enthält ein Glimmer-Spaltplättchen, ist also in Durchstrahlungsrichtung optisch anisotrop.

Steht die eine Schwingungsrichtung des zu untersuchenden Kristallplättchens, wie üblich, unter $\xi_1 = 45°$ zur Schwingungsrichtung des Polarisators, so vereinfachen sich die Gleichungen der in der Austrittsfläche des Kompensators vorhandenen Planwellen (vgl. die ersten beiden Gleichungen von Abschn. 5.2.2) zu:

$$\left.\begin{array}{l} a_{x2} = \tfrac{1}{2}\{\sin\varphi(\sin\xi_2 + \cos\xi_2) - \sin(\varphi - \varphi_1)(\sin\xi_2 - \cos\xi_2)\}, \\ a_{y2} = -\tfrac{1}{2}\{\sin(\varphi - \varphi_2)(\sin\xi_2 - \cos\xi_2) + \sin(\varphi - \varphi_1 - \varphi_2)(\sin\xi_2 + \cos\xi_2)\}. \end{array}\right\} \quad (6.3)$$

Die Kompensationswirkung beruht auf den folgenden zwei Maßnahmen.

Zunächst wird der Kompensator so eingesetzt, daß ξ_2 z. B. $=0$ ist. Die (vgl. die jeweils ersten vier Darstellungen der Abb. 32 bis 43) mit ihren Achsen parallel den Diagonalen eines Quadrats liegende Bahnellipse wird dadurch nicht mehr aus Komponenten aufgebaut, die mit den Kanten des Quadrats übereinstimmen, also gleiche Amplituden haben, sondern aus Komponenten zusammengesetzt, die in die Diagonalen des Quadrats fallen, deren Amplituden gleich den Hauptachsenlängen sind, deren Phasendifferenz demnach 90° beträgt, und deren Gleichungen:

$$a_{x2} = \tfrac{1}{2}\{\sin\varphi + \sin(\varphi - \varphi_1)\},$$
$$a_{y2} = \tfrac{1}{2}[\sin(\varphi - \varphi_2) - \sin\{(\varphi - \varphi_1) - \varphi_2\}]$$

lauten. Dann wird die Dicke des Spaltplättchens so gewählt, daß $\varphi_2 = 90°$ ist. Der Sinn dieser (exakt nur für eine Wellenlänge durchführbaren) Maßnahme besteht darin, eine linear polarisierte Resultierende zu erzeugen, die (vgl. die vorletzten Darstellungen der Abb. 32 bis 43) nunmehr Diagonale eines Rechtecks ist. Offenbar sind die Amplituden der Komponenten:

$$a_{x2} = \tfrac{1}{2}\{\sin\varphi + \sin(\varphi - \varphi_1)\},$$
$$a_{y2} = -\tfrac{1}{2}\{\cos\varphi - \cos(\varphi - \varphi_1)\}$$

gleich den Seiten des Rechtecks, gibt ferner a_{y2}/a_{x2} den Anstieg und damit die Lage der Resultierenden an.

Da die Funktion des Kompensators nicht von der Phase der den Polarisator verlassenden Welle abhängen kann, wird φ wie folgt eliminiert:

$$2a_{x2} = \sin\varphi(1 + \cos\varphi_1) - \cos\varphi \sin\varphi_1,$$
$$-2a_{y2} = \cos\varphi(1 - \cos\varphi_1) - \sin\varphi \sin\varphi_1,$$
$$\frac{2a_{x2} - \sin\varphi(1 + \cos\varphi_1)}{-\cos\varphi \sin\varphi_1} = \frac{-2a_{y2} + \sin\varphi \sin\varphi_1}{\cos\varphi(1 - \cos\varphi_1)},$$
$$2a_{x2}\cos\varphi(1 - \cos\varphi_1) - \sin\varphi\cos\varphi(1 - \cos^2\varphi_1)$$
$$= 2a_{y2}\cos\varphi\sin\varphi_1 - \sin\varphi\cos\varphi\sin^2\varphi_1, \quad (6.4)$$
$$a_{x2}(1 - \cos\varphi_1) = a_{y2}\sin\varphi_1.$$

Einerseits ist:
$$\frac{a_{y2}}{a_{x2}} = \frac{1-\cos\varphi_1}{\sin\varphi_1} = \frac{2\sin^2(\varphi_1/2)}{2\sin(\varphi_1/2)\cos(\varphi_1/2)} = \tan\frac{\varphi_1}{2}, \quad (6.5)$$

andererseits:
$$\frac{a_{y2}}{a_{x2}} = \tan\psi. \quad (6.6)$$

Der Vergleich von (6.5), die den gesuchten Phasenwinkel φ_1 liefert, mit (6.6), die den durch Senkrechtstellung des (Aufsatz-)Analysators (s. die jeweils letzten Darstellungen der Abb. 32 bis 43) auffindbaren Anstieg ψ der linear polarisierten Resultierenden ergibt, führt auf die einfache Beziehung:

$$\varphi_1 = 2\psi.$$

(Übrigens ist diese Senkrechtstellung der Grund dafür, daß man sich auf die Behandlung von Amplituden beschränken und auf die Erörterungen von Intensitäten verzichten kann.) Das beschriebene Verfahren stammt von DE SENARMONT. Es existieren verschiedene Varianten, die aber alle den Nachteil der Meßbereichsbeschränkung auf maximal 1λ haben. Eine Übersicht bietet z. B. SCHULTZ [33].

6.4. Optische Aktivität (vor allem von Quarz)

Die im Abschn. 6.2 beim *Ehringhaus*-Kompensator erwähnte optische Aktivität, deren theoretische Aspekte vor allem SZIVESSY ([34]) darlegte, werde im Hinblick auf die Wichtigkeit des Quarzes als Werkstoff der Optik noch etwas genauer behandelt.

6.4.1. Indexflächengleichung bei optischer Aktivität

Der wesentliche Unterschied zwischen der Ableitung der Indexfläche inaktiver und aktiver Kristalle besteht darin, daß die in (2.28) enthaltene elektrische Feldstärke $\vec{E}$ nicht mit (2.6), sondern mit:

$$\vec{D} = \varepsilon_0\{(\varepsilon)\vec{E} + i[\vec{E}, \vec{G}]\} \quad (6.7)$$

als Materialgleichung in Fortfall gebracht werden muß. $\vec{G}$ heißt Gyrationsvektor. Bezieht man auf das Hauptachsensystem des Tensors der relativen Dielektrizität, so nimmt (6.7) die folgende Form an:

$$\vec{D} = \varepsilon_0 \begin{pmatrix} \varepsilon_X & 0 & 0 \\ 0 & \varepsilon_Y & 0 \\ 0 & 0 & \varepsilon_Z \end{pmatrix} \vec{E} + i\varepsilon_0 \begin{vmatrix} \vec{X}_0 & \vec{Y}_0 & \vec{Z}_0 \\ E_X & E_Y & E_Z \\ G_X & G_Y & G_Z \end{vmatrix},$$

$$D_X = \varepsilon_0\{\varepsilon_X E_X + i(E_Y G_Z - G_Y E_Z)\} \quad (6.8)$$

6. Mikroskopische Messung der Doppelbrechung

u. e. Gleichsetzen der unter Verwendung von (2.11) geschriebenen Komponenten von (2.28) mit den Komponenten (6.8) führt auf Ausdrücke wie:

$$E_X\{\varepsilon_X - n^2(1-s_{0X}^2)\} + E_Y\{n^2 s_{0X} s_{0Y} + iG_Z\} + E_Z\{n^2 s_{0X} s_{0Z} - iG_Y\} = 0. \tag{6.9}$$

Die aus den Koeffizienten der Gleichung (6.9) gebildeten Determinante lautet mit (2.13):

$$\begin{vmatrix} n_X^2 - n^2(1-s_{0X}^2) & n^2 s_{0X} s_{0Y} + iG_Z & n^2 s_{0Z} s_{0X} - iG_Y \\ n^2 s_{0X} s_{0Y} - iG_Z & n_Y^2 - n^2(1-s_{0Y}^2) & n^2 s_{0Y} s_{0Z} + iG_X \\ n^2 s_{0Z} s_{0X} + iG_Y & n^2 s_{0Y} s_{0Z} - iG_X & n_Z^2 - n^2(1-s_{0Z}^2) \end{vmatrix} = 0. \tag{6.10}$$

Daraus entsteht bei Verwendung von:

$$[\vec{s}_0, \vec{G}] = \begin{vmatrix} \vec{X}_0 & \vec{Y}_0 & \vec{Z}_0 \\ s_{0X} & s_{0Y} & s_{0Z} \\ G_X & G_Y & G_Z \end{vmatrix},$$

$$[\vec{s}_0, \vec{G}]^2 = s_{0Y}^2 G_Z^2 + s_{0Z}^2 G_Y^2 - 2 s_{0Y} s_{0Z} G_Y G_Z$$
$$+ s_{0Z}^2 G_X^2 + s_{0X}^2 G_Z^2 - 2 s_{0Z} s_{0X} G_Z G_X + s_{0X}^2 G_Y^2 + s_{0Y}^2 G_X^2 - 2 s_{0X} s_{0Y} G_X G_Y$$

als Gleichung der Indexfläche optisch aktiver Kristalle:

$$n^4(n_X^2 s_{0X}^2 + n_Y^2 s_{0Y}^2 + n_Z^2 s_{0Z}^2)$$
$$- n^2\{n_Z^2 n_X^2(s_{0Z}^2 + s_{0X}^2) + n_Y^2 n_Z^2(s_{0Y}^2 + s_{0Z}^2) + n_X^2 n_Y^2(s_{0X}^2 + s_{0Y}^2)$$
$$- [\vec{s}_0, \vec{G}]^2\} + \{n_X^2 n_Y^2 n_Z^2 - (n_X^2 G_X^2 + n_Y^2 G_Y^2 + n_Z^2 G_Z^2)\} = 0. \tag{6.11}$$

6.4.2. Verhältnisse beim Quarz

Handelt es sich (wie beim Quarz) um einen optisch einachsig positiven Kristall, so gilt (vgl. [35], Gl. (10) und (11)):

$$n_X^2 = n_Y^2 = n_0^2 < n_Z^2 = n_E^2,$$
$$n_0^2 = \varepsilon_{11} = \varepsilon_{22}, \; n_E^2 = \varepsilon_{33}, \tag{6.12}$$
$$\vec{G} = (G_X, G_Y, G_Z) = n(g_{11} s_{0X}, g_{11} s_{0Y}, g_{33} s_{0Z}).$$

Die Tensoren (ε) und (g) sind wegen der Einachsigkeit rotationssymmetrisch. Sie haben ein gemeinsames Hauptachsensystem und nehmen in ihm Diagonalform an. s_{0X} darf daher ohne Beschränkung der Allgemeinheit $= 0$ gesetzt werden.

Ist außer s_{0X} auch $s_{0Y} = 0$ (also $s_{0Z} = 1$), liegt also eine senkrecht zur optischen Achse geschliffene Platte vor, so wird aus (6.10):

$$(n_0^2 - n^2) E_X + ing_{33} E_Y = 0,$$
$$-ing_{33} E_X + (n_0^2 - n^2) E_Y = 0, \tag{6.13}$$
$$n_E^2 E_Z = 0.$$

Das Verschwinden der Determinante liefert:

$$(n^2 - n_0^2)^2 = n^2 g_{33}^2. \tag{6.14}$$

Aus (6.13) ergibt sich:

$$E_Y/E_X = ing_{33}/(n_0^2 - n^2)$$

6.4.2. Verhältnisse beim Quarz

und aus (6.14):

$$ng_{33}/(n_0^2 - n^2) = \pm 1. \tag{6.15}$$

Offenbar gilt das positive Vorzeichen für die kleinere Brechungszahl. E_X und E_Y sind bei den beiden Wellen um jeweils $\pi/2$ gegeneinander phasenverschoben, aber in entgegengesetztem Sinn. E_Z ist wegen der dritten Gleichung (6.13) null. Da für die $\vec{D}$-Vektoren aus (6.8) mit (6.12):

$$D_X = \varepsilon_0(\varepsilon_{11} E_X + ing_{33} E_Y),$$

$$D_Y = \varepsilon_0(\varepsilon_{11} E_Y - ing_{33} E_X),$$

$$D_X = \varepsilon_0 \left(\varepsilon_{11} E_{X'} + ing_{33} \frac{ing_{33}}{n_0^2 - n^2} \right)$$

$$D_Y = \varepsilon_0 \left(\varepsilon_{11} \frac{ing_{33}}{n_0^2 - n^2} - ing_{33} \right) E_X,$$

$$\frac{D_Y}{D_X} = \frac{ing_{33}}{n_0^2 - n^2} \frac{\varepsilon_{11} - (n_0^2 - n^2)}{\varepsilon_{11} - n^2 g_{33}^2/(n_0^2 - n^2)},$$

sowie mit (6.14):

$$D_Y/D_X = ing_{33}/(n_0^2 - n^2)$$

folgt, sich also gleiche Phasenverhältnisse ergeben, muß eine der beiden durchgehenden Wellen links-, die andere dagegen rechtszirkular polarisiert sein (s. Abb. 66).

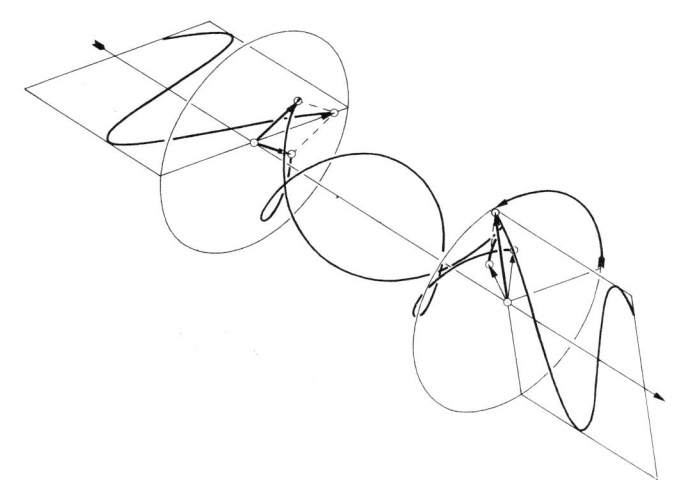

Abb. 66. Lichtfortpflanzung in Richtung der optischen Achse eines optisch aktiven Kristalls. Die ankommende linear polarisierte Welle wird in zwei gegenläufig zirkular polarisierte Komponenten zerlegt, die den Kristall mit verschiedenen Geschwindigkeiten durchsetzen und sich in seiner Austrittsfläche aufgrund der erreichten Phasendifferenz zu einer wiederum linear polarisierten Welle zusammensetzen, deren Schwingungsrichtung aber gegen die der ursprünglichen Welle gedreht ist (s. den Pfeil).

Ist außer s_{0X} auch $s_{0Z}=0$ (also $s_{0Y}=1$), liegt also eine parallel zur optischen Achse geschliffene Platte vor, so wird aus (6.10):

$$(n_0^2 - n^2)E_X - \mathrm{i}ng_{11} E_Z = 0,$$
$$n_0^2 E_Y = 0, \qquad (6.16)$$
$$\mathrm{i}ng_{11} E_X + (n_E^2 - n^2)E_Z = 0.$$

Das Verschwinden der Determinante erfordert:

$$(n^2 - n_0^2)(n^2 - n_E^2) = n^2 g_{11}^2. \qquad (6.17)$$

Aus (6.16) erhält man:

$$E_X/E_Z = \mathrm{i}ng_{11}/(n_0^2 - n^2). \qquad (6.18)$$

Für die beiden Lösungen n_1^2, n_2^2 von (6.17) gilt, daß sie entweder kleiner als n_0^2 oder aber größer als n_E^2 sein müssen. Wegen (s. (6.11)):

$$n^4 - n^2(n_0^2 + n_E^2 + g_{11}^2) + n_0^2 n_E^2 = 0$$

gilt:
$$n_1^2 n_2^2 = n_0^2 n_E^2.$$

Bezeichnet n_1^2 die kleinere der beiden Lösungen, so ist folglich:

$$n_1^2 < n_0^2 < n_E^2 < n_2^2$$

und wegen (6.18) eine Welle links-, die andere dagegen rechtselliptisch polarisiert. Die zum *Ehringhaus*-Kompensator verwendeten Platten verhalten sich also theoretisch nicht wie gyrationsfreies Material, da $g_{11} \neq 0$ ist, praktisch aber doch, da das Achsenverhältnis der Ellipse 2:1000 beträgt. Gyrationsfreiheit ist nur bei 56° Neigung gegen die optische Achse realisiert.

7. Formdoppelbrechung

Neben der Doppelbrechung als Eigenschaft optisch anisotroper Kristalle kennt man noch die sog. Formdoppelbrechung. Sie entsteht, wenn gleiche Teilchen, die sowohl optisch isotrop als auch optisch anisotrop sein können, ein isotropes Medium in regelmäßiger Anordnung durchsetzen. Häufigste und zugleich einfachste Beispiele solcher Anordnungen sind einander parallele gleich dicke Stäbe oder Platten aus einem isotropen Material, die sich in einer Flüssigkeit befinden. Doppelbrechung und Formdoppelbrechung werden mit denselben Instrumenten gemessen. Die klassische Theorie der Formdoppelbrechung stammt von WIENER [36].

7.1. Mathematische und physikalische Voraussetzungen

Zum Verständnis der Theorie sind folgende Voraussetzungen nötig.

Es sei G eine offene, zusammenhängende, beschränkte Punktmenge des n-dimensionalen Raumes und F die Menge der Randpunkte von G. Es besitze ferner G in allen Punkten $x \in F$, mit $x = (x_1, x_2, \ldots, x_n)$, eine äußere Normale $\vec{n}$, mit $n^2 = 1$. Es sei außerdem $d\vec{o}$ ein differentielles Flächenstück von F und:

$$d\vec{o} = \vec{n}\,df.$$

Ist nun $u(x)$ eine stetig differenzierbare Funktion auf $G \cup F$ oder $u(x) \in C^0(G \cup F)$ (C^n: Menge der stetigen, n-mal differenzierbaren Funktionen), $u(x) \in C^1(G)$ und existiert das Integral:

$$\int_F u(x)\,n_i(x)\,df$$

für alle i, so gilt der Satz von GAUSS:

$$\int_G \frac{\partial u}{\partial x_i}(x)\,dv = \int_F u(x)\,n_i(x)\,df.$$

Durch Zusammenfassen der Ausdrücke dieses Satzes für alle i zu einem Vektor ergibt sich:

$$\int_G \nabla u\,dv = \int_F u\vec{n}\,df. \tag{7.1}$$

Durch Einführen eines Vektors $\vec{a}(x)$ mit Differenzierbarkeitseigenschaften wie u erhält man:

$$\int_G \nabla \vec{a}\,dv = \int_F (\vec{n}, \vec{a})\,df \tag{7.2}$$

und mit der bekannten Formel $\nabla(u\vec{a}) = u\nabla\vec{a} + (\vec{a}, \nabla u)$:

$$\int_G \nabla(u\vec{a})\,dv = \int_G u\nabla\vec{a}\,dv + \int_G (\vec{a}, \nabla u)\,dv = \int_F u(\vec{n}, \vec{a})\,df.$$

Im Falle $\nabla\vec{a} = 0$ geht die Gleichung über in:

$$\int_G (\vec{a}, \nabla u)\,dv = \int_F u(\vec{n}, \vec{a})\,df. \tag{7.3}$$

Es sei weiter:

$$\bar{\vec{a}} = \frac{1}{V} \int_G \vec{a}\,dv$$

als Mittelwert von $\vec{a}$ über G definiert, mit V als Volumen von G. Dann gilt die Beziehung:

$$\overline{\vec{a}^2} \geq \bar{\vec{a}}^2. \tag{7.4}$$

Zum Beweis wird $\vec{a} = \bar{\vec{a}} + \vec{a}_\varepsilon$ gesetzt. Damit folgt:

$$\bar{\vec{a}} = \frac{1}{V}\int \vec{a}\,dv = \frac{1}{V}\int \bar{\vec{a}}\,dv + \frac{1}{V}\int \vec{a}_\varepsilon\,dv = \bar{\vec{a}} + \frac{1}{V}\int \vec{a}_\varepsilon\,dv,$$

d. h.:

$$\int \vec{a}_\varepsilon\,dv = 0$$

und:

$$\overline{\vec{a}^2} = \frac{1}{V}\int \vec{a}^2\,dv = \frac{1}{V}\left\{\int \bar{\vec{a}}^2\,dv + 2\bar{\vec{a}}\int \vec{a}_\varepsilon\,dv + \int \vec{a}_\varepsilon^2\,dv\right\} = \bar{\vec{a}}^2 + \frac{1}{V}\int \vec{a}_\varepsilon^2\,dv,$$

d. h.:

$$\overline{\vec{a}^2} \geq \bar{\vec{a}}^2.$$

Gesucht wird nun der Ersatzkörper, d. i. derjenige Körper, der den Mischkörper ohne Änderung der Eigenschaften des Feldes ersetzt. Gearbeitet wird mit der sog. Gleichförmigkeitsfläche, in der die mischungsbedingte „Krausheit" des Feldes nicht mehr festzustellen sein soll, dem
   Polarisation genannten Vektor $\vec{P}$, dessen Normalkomponente an der Grenze zweier Medien stetig ist, dem
   Kraft genannten Vektor $\vec{K}$, dessen Tangentialkomponenten an der Grenze zweier Medien stetig sind sowie dem
   Energie genannten Vektor $\vec{E}$.
Der Einfachheit halber wird angenommen, daß der Mischkörper frei von Quellen der Polarisation (demnach $\nabla\vec{P} = 0$) und von Wirbeln der Kraft (demnach $[\nabla, \vec{E}] = 0$) sei. Wegen der letzten Beziehung gibt es eine Potentialfunktion V mit der Eigenschaft $\vec{E} = -\nabla V$.

7.2. Mittelwertsätze

Zur Ableitung werden offenbar Mittelwertsätze benötigt. Bei ihrer Ableitung bezeichnet
   der Index i allgemein den i-ten Mischungsbestandteil, mit $i = 1, 2, \ldots, n$, ferner
   der Index o das Volumen zwischen Mischkörper und Gleichförmigkeitsfläche,

7.2. Mittelwertsätze

der Index e das Volumen zwischen Ersatzkörper und Gleichförmigkeitsfläche,
der Index m das Volumen des Ersatzkörpers sowie
df_k ein Oberflächenstück des Mischkörpers,
df_g ein Oberflächenstück der Gleichförmigkeitsfläche und
$\vec{r}$ einen Ortsvektor.

V ist eine stetige Funktion. Die Grenzfläche der Mischungsbestandteile $i = 1, \ldots, n-1$ wird zweimal in verschiedener Orientierung durchlaufen, die Grenzfläche des Mischungsbestandteils $i = n$ jedoch nur einmal. Folglich gilt:

$$\sum_i \int V\vec{n}\,df_i + \int V\vec{n}\,df_k = 0$$

und nach beiderseitiger Addition von $\int V\vec{n}\,df_g$:

$$\sum_i \int V\vec{n}\,df_i + \int V\vec{n}\,df_o = \int V\vec{n}\,df_g \tag{7.5}$$

(da die Integration über alle Flächenelemente df_g und $-df_k$ gleichbedeutend ist mit der Integration über alle df_o). In gleicher Weise gilt im Falle des Ersatzkörpers:

$$\int V\vec{n}\,df_m + \int V\vec{n}\,df_e = \int V\vec{n}\,df_g. \tag{7.6}$$

Durch Vergleich von (7.5) und (7.6) entsteht:

$$\sum_i \int V\vec{n}\,df_i + \int V\vec{n}\,df_o = \int V\vec{n}\,df_m + \int V\vec{n}\,df_e \tag{7.7}$$

und mit $\vec{E} = -\nabla V$ und (7.1):

$$\sum_i \int \vec{E}\,dv_i + \int \vec{E}\,dv_o = \int \vec{E}\,dv_m + \int \vec{E}\,dv_e.$$

Geht man zu den Mittelwerten über, so folgt:

$$v_m \overline{\vec{E}_m} = v_o \overline{\vec{E}_o} - v_e \overline{\vec{E}_e} + \sum_i v_i \overline{\vec{E}_i}. \tag{7.8}$$

Setzt man in (7.3) für $\vec{a}$ die Polarisation $\vec{P}$ (was wegen $\nabla \vec{P} = 0$ zulässig ist) und für u nacheinander die Komponenten von $\vec{r}$ ein, so erhält man:

$$\int_G \vec{P}\,dv = \int_F \vec{r}(\vec{n},\vec{P})\,df = \int_F \vec{r} P_n\,df. \tag{7.9}$$

$\vec{r} P_n$ ist eine stetige Funktion, da P_n an den Grenzflächen verschiedener Medien stetig ist. Die Übertragung der für $V\vec{n}$ angestellten Überlegung auf $\vec{r} P_n$ liefert:

$$\sum_i \int \vec{r} P_n\,df_i + \int \vec{r} P_n\,df_o = \int \vec{r} P_n\,df_m + \int \vec{r} P_n\,df_e.$$

Geht man (mit Hilfe von (7.9)) zu den Mittelwerten über, so folgt:

$$v_m \overline{\vec{P}_m} = v_o \overline{\vec{P}_o} - v_e \overline{\vec{P}_e} + \sum_i v_i \overline{\vec{P}_i}. \tag{7.10}$$

Die Energiedichte im Volumenelement beträgt:

$$Q\,dv = \frac{1}{8\pi}(\vec{E},\vec{P}) = -\frac{1}{8\pi}(\nabla V, \vec{P}).$$

Setzt man in (7.3) für $\vec{a}$ die Polarisation $\vec{P}$ und für u das Potential V, so erhält man:

$$\int_G Q\,dv = -\frac{1}{8\pi}\int_G (\vec{P},\nabla V)\,dv = -\frac{1}{8\pi}\int_F V P_n\,df. \tag{7.11}$$

$V P_n$ ist wieder eine stetige Funktion. Geht man zu den Mittelwerten über, so folgt:

$$v_m \overline{Q_m} = v_o \overline{Q_o} - v_e \overline{Q_e} + \sum_i v_i \overline{Q_i}. \tag{7.12}$$

7.3. Vereinfachende Annahmen theoretischer Art

WIENER setzte ohne Erklärung zunächst $v_e = v_o$ und dann $v_e = v_o = 0$. Die Einführung von $v_o = 0$ ist gleichbedeutend mit der Annahme, daß die Gleichförmigkeitsfläche in verschwindendem Abstand vom Körper verläuft. Diese Annahme ist nur unter bestimmten Bedingungen mit der Realität verträglich. Die Mittelwerte einerseits der Polarisation und der Kraft, andererseits der Energie können im Raum zwischen Misch- bzw. Ersatzkörper und Gleichförmigkeitsfläche nicht gleichzeitig verschwinden (vgl. [37], Abschn. III. 4).

Die obige Vereinfachung reduziert (7.8), (7.10) und (7.12) auf:

$$v_m \vec{\overline{E}}_m = \sum_i v_i \vec{\overline{E}}_i,$$

$$v_m \vec{\overline{P}}_m = \sum_i v_i \vec{\overline{P}}_i,$$

$$v_m \overline{Q}_m = \sum_i v_i \overline{Q}_i,$$

und mit $\delta_i = v_i/v_m$ auf:

$$\left.\begin{aligned}\vec{\overline{E}}_m &= \sum_i \delta_i \vec{\overline{E}}_i,\\ \vec{\overline{P}}_m &= \sum_i \delta_i \vec{\overline{P}}_i,\\ \overline{Q}_m &= \sum_i \delta_i \overline{Q}_i,\\ 1 &= \sum_i \delta_i.\end{aligned}\right\} \tag{7.13}$$

Diese Gleichungen gelten sowohl für isotrope als auch für anisotrope Bestandteile. Der Zusammenhang von Polarisation und Kraft beim Ersatzkörper ist durch die bekannte Beziehung $\vec{P} = (\varepsilon_{ik})\vec{E}$ mit $\varepsilon_{ik} = \varepsilon_{ki}$ und die Hauptachsentransformation einer symmetrischen Matrix gegeben.

Der einfachste Sonderfall liegt vor, wenn sich zwei isotrope Bestandteile ($i = 2$) in isotroper Anordnung oder im Feld parallel zu einer Symmetrieachse der Anisotropie befinden. (7.13) geht dann über in:

$$\delta_1 + \delta_2 = 1, \tag{7.14}$$

$$\vec{\overline{E}}_m = \delta_1 \vec{\overline{E}}_1 + \delta_2 \vec{\overline{E}}_2, \tag{7.15}$$

$$\varepsilon_m \vec{\overline{E}}_m = \varepsilon_1 \delta_1 \vec{\overline{E}}_1 + \varepsilon_2 \delta_2 \vec{\overline{E}}_2. \tag{7.16}$$

7.3. Vereinfachende Annahmen theoretischer Art

Elimination von $\vec{\overline{E_m}}$ aus (7.15) und (7.16) ergibt:

$$\delta_1(\varepsilon_1 - \varepsilon_m)\vec{\overline{E_1}} + \delta_2(\varepsilon_2 - \varepsilon_m)\vec{\overline{E_2}} = 0,$$

d. h. Parallelität von $\vec{\overline{E_1}}, \vec{\overline{E_2}}$ untereinander und mit $\vec{\overline{E_m}}$.

Betragsbildung E_j ($j=1,2$) der $\vec{E_j}$ in (7.15) und (7.16) liefert:

$$\varepsilon_m = \frac{\delta_1 \varepsilon_1 \overline{E_1} + \delta_2 \varepsilon_2 \overline{E_2}}{\delta_1 \overline{E_1} + \delta_2 \overline{E_2}}. \tag{7.17}$$

Zur weiteren Betrachtung ist die Energiegleichung heranzuziehen. Durch Anwendung von (7.4) auf $\vec{E_i}$ entsteht:

$$\overline{E_i^2} \geq \overline{E_i}^2$$

und damit:

$$8\pi \overline{Q_i} = \varepsilon_i \overline{E_i^2} \geq \varepsilon_i \overline{E_i}^2 = \overline{E_i} \overline{P_i}.$$

Das strenge Zeichen > gilt dann, wenn das Feld im Anteil i nicht gleichförmig ist. Im Ersatzkörper, wo das Feld gleichförmig ist, gilt dagegen:

$$8\pi \overline{Q_m} = \overline{E_m} \overline{P_m}.$$

Aus $\overline{Q_m} = \delta_1 \overline{Q_1} + \delta_2 \overline{Q_2}$ folgt daher allgemein:

$$\overline{E_m} \overline{P_m} - (\delta_1 \overline{E_1} \overline{P_1} + \delta_2 \overline{E_2} \overline{P_2}) \geq 0.$$

Einsetzen für $\overline{E_m}, \overline{P_m}$ aus (7.15), (7.16) ergibt:

$$(\delta_1 \overline{E_1} + \delta_2 \overline{E_2})(\delta_1 \overline{P_1} + \delta_2 \overline{P_2}) - (\delta_1 \overline{E_1} \overline{P_1} + \delta_2 \overline{E_2} \overline{P_2}) \geq 0.$$

Multipliziert man das zweite Glied der linken Seite mit $\delta_1 + \delta_2 = 1$, so erhält man bei $\delta_1, \delta_2 \neq 0$:

$$\overline{E_1} \overline{P_2} + \overline{E_2} \overline{P_1} - \overline{E_1} \overline{P_1} - \overline{E_2} \overline{P_2} \geq 0,$$

was gleichbedeutend ist mit:

$$-(\overline{E_1} - \overline{E_2})(\overline{P_1} - \overline{P_2}) \geq 0. \tag{7.18}$$

(7.18) zeigt, daß durch die Energiegleichung nur der Bereich möglicher Werte für E_i beschränkt wird. Bezeichnet man, was ohne Beschränkung der Allgemeinheit geschehen kann, das Medium mit der größeren Dielektrizitätskonstante mit dem Index 1, so bedeutet (7.18):

$$\left.\begin{array}{c} E_1/E_2 = U, \\ -(U-1)(U-\varepsilon_2/\varepsilon_1) \geq 0, \\ \varepsilon_2/\varepsilon_1 \leq U \leq 1. \end{array}\right\} \tag{7.19}$$

Die beiden Grenzfälle $U = 1$ und $U = \varepsilon_2/\varepsilon_1$ haben folgende physikalische Bedeutung.

Für $U = 1$ ist $\overline{E_1} = \overline{E_2} = \overline{E_m}$. Dies tritt ein, wenn die Kraftlinien parallel zu den Grenzflächen verlaufen, d. h., wenn der Mischkörper aus einer Anordnung von Stäbchen oder Schichten besteht und das Feld zu diesen Schichten oder Stäbchen parallel verläuft.

Für $U = \varepsilon_2/\varepsilon_1$ ist $\overline{P}_1 = \overline{P}_2 = \overline{P}_m$. Dies tritt ein, wenn die Kraftlinien senkrecht zu den Grenzflächen verlaufen, d. h., wenn der Mischkörper aus einer Anordnung von Stäbchen oder Schichten besteht und das Feld zu diesen Schichten oder Stäbchen senkrecht verläuft.

Die Abbildungen 67 bis 70 zeigen den Verlauf beider Doppelbrechungen als Funktion des Volumenanteils und des Brechungsvermögens. Wie man sieht, ist der Charakter der Formdoppelbrechung im Falle der Stäbchen positiv, im Falle der Schichten negativ, und unter sonst gleichen Verhältnissen die Stäbchendoppelbrechung stets kleiner als die Schichtendoppelbrechung.

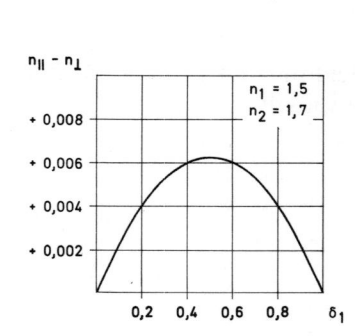

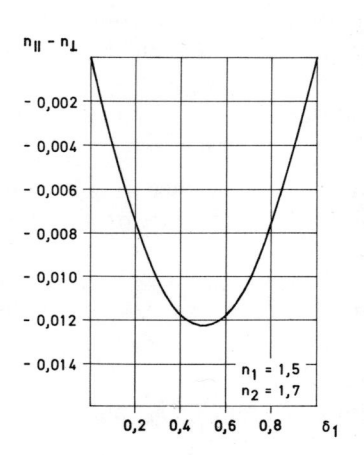

Abb. 67. Stäbchendoppelbrechung in Abhängigkeit vom Volumenanteil.

Abb. 68. Schichtendoppelbrechung in Abhängigkeit vom Volumenanteil.

7.4. Neuere Auffassung der Formdoppelbrechung

Die im folgenden skizzierte neuere Auffassung des Zustandekommens der Formdoppelbrechung hat den Vorzug, sich bequem aus den *Maxwell*schen Gleichungen entwickeln und einfacher als die *Wiener*sche Theorie auf Mischkörperkomponenten ausdehnen zu lassen, die von der Stäbchen- und der Schichtenform abweichen.

An einen Mischkörper aus zwei dielektrischen Bestandteilen werde ein elektrisches Feld gelegt. Die eine Mischungskomponente habe die relative Dielektrizitätskonstante ε_1, die andere ε_2. In jedem von der Komponente i eingenommenen Volumen gilt (vgl. (2.6)):

$$\vec{D}_i = \varepsilon_i \varepsilon_0 \vec{E}_i.$$

Zur Vereinfachung werde angenommen, daß beide Bestandteile isotrop sind oder daß sich ihre (ε)-Tensoren auf ein gemeinsames Hauptachsensystem transformieren lassen. Ferner möge das äußere elektrische Feld der Begrenzungsfläche des Mischkörpers parallel sein.

7.4. Neuere Auffassung der Formdoppelbrechung

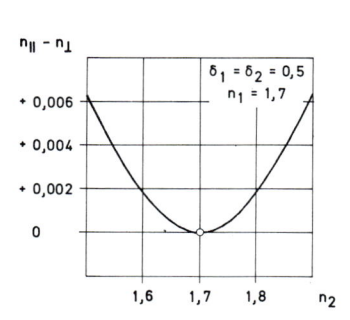

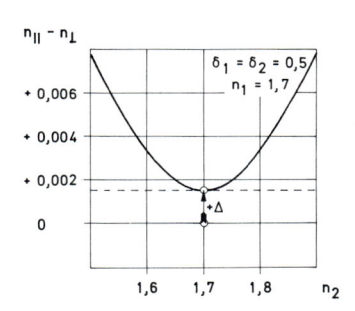

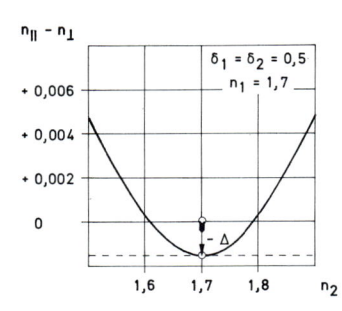

Abb. 69. Stäbchendoppelbrechung in Abhängigkeit vom Brechungsvermögen bei fehlender, positiver, negativer Eigendoppelbrechung Δ.

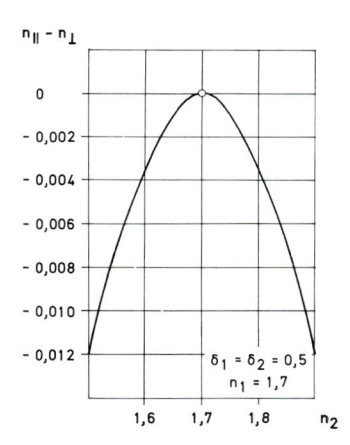

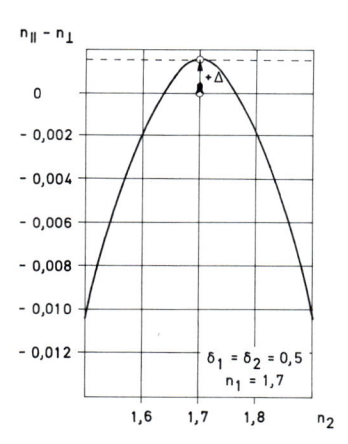

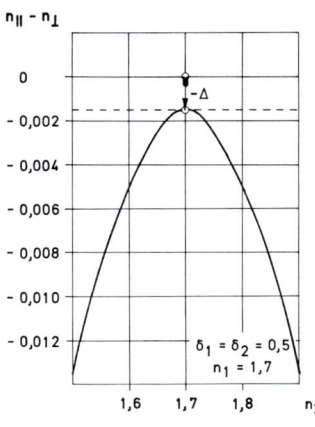

Abb. 70. Schichtendoppelbrechung in Abhängigkeit vom Brechungsvermögen bei fehlender, positiver, negativer Eigendoppelbrechung Δ.

Liegt der Bestandteil 2 in Form eines einzigen, in das Medium 1 eingebetteten Ellipsoids vor, so herrscht im Inneren dieses Ellipsoids ein homogenes elektrisches Feld, das die Richtung des ursprünglichen Feldes hat. Wegen der Entelektrisierung, die auf der Influenz von elektrischen Ladungen an der Grenzfläche der beiden Medien beruht, ist aber die Feldstärke innerhalb des Ellipsoids von der angelegten verschieden, geht sie außerhalb des Ellipsoids in die angelegte über.

Liegt nun nicht ein einziges Ellipsoid, sondern eine große Anzahl weit voneinander entfernter, ausgerichteter Ellipsoide in räumlich statistischer Verteilung vor, so läßt sich die Dielektrizitätskonstante $\bar{\varepsilon}$ des Mischkörpers berechnen. Mit δ_i als relativer Raumerfüllung des Bestandteils i, E_{0x} als angelegter Feldstärke, $\bar{E}_x$ und $\bar{D}_x$ als mittlerer elektrischer Feldstärke und mittlerer dielektrischer Verschiebung im Inneren des Mischkörpers gilt:

$$\bar{\varepsilon}_x = \bar{D}_x / \varepsilon_0 \bar{E}_x \tag{7.20}$$

und wegen (7.14) (vgl. (7.15)):

$$\bar{E}_x = \delta_1 E_{1x} + \delta_2 E_{2x} \tag{7.21}$$

sowie:

$$\bar{D}_x = \delta_1 D_{1x} + \delta_2 D_{2x} = \delta_1 \varepsilon_1 \varepsilon_0 E_{1x} + \delta_2 \varepsilon_2 \varepsilon_0 E_{2x}. \tag{7.22}$$

Weiter ist (Stetigkeitsbedingung):

$$E_{1x} = E_{0x} \tag{7.23}$$

und (s. STRATTON [37]):

$$E_{2x} = \frac{E_{0x}}{1 + N_1\{(\varepsilon_2/\varepsilon_1) - 1\}}. \tag{7.24}$$

N_1 stellt den formabhängigen Entelektrisierungsfaktor dar. Aus (7.20) bis (7.24) folgt:

$$\bar{\varepsilon}_x = \frac{\bar{D}_x}{\varepsilon_0 \bar{E}_x} = \frac{\delta_1 \varepsilon_1 + \dfrac{\delta_2 \varepsilon_2}{1 + N_1\{(\varepsilon_2/\varepsilon_1) - 1\}}}{\delta_1 + \dfrac{\delta_2}{1 + N_1\{(\varepsilon_2/\varepsilon_1) - 1\}}}. \tag{7.25}$$

Häufig ist (s. o.) $\delta_1 \gg \delta_2$ und dann:

$$\bar{\varepsilon} = \left[\varepsilon_1 + \frac{\delta_2}{\delta_1} \frac{\varepsilon_2}{1 + N_1\{(\varepsilon_2/\varepsilon_1) - 1\}}\right]\left[1 - \frac{\delta_2}{\delta_1} \frac{1}{1 + N_1\{(\varepsilon_2/\varepsilon_1) - 1\}}\right]$$

$$= \varepsilon_1 + \frac{\delta_2}{\delta_1} \frac{\varepsilon_2 - \varepsilon_1}{1 + N_1\{(\varepsilon_2/\varepsilon_1) - 1\}} = \varepsilon_1 \left[1 + \frac{\delta_2}{\delta_1} \frac{(\varepsilon_2/\varepsilon_1) - 1}{1 + N_1\{(\varepsilon_2/\varepsilon_1) - 1\}}\right]. \tag{7.26}$$

Von (7.25) und (7.26) gelangt man mit Hilfe der *Maxwell*schen Beziehung (2.13) zu den Brechungszahlen. Handelt es sich um Stäbchen, so ist in den drei Hauptachsenrichtungen des Ellipsoids $N_{1,2} = \tfrac{1}{2}$, $N_3 = 0$, handelt es sich um Schichten dagegen $N_1 = 1$, $N_{2,3} = 0$. Mit diesen Werten ergeben sich wieder die erstmals von WIENER abgeleiteten Formeln. Eine Sammlung aller berechneten Sonderfälle findet sich bei REYNOLDS und HOUGH [38].

8. Intensität im konvergenten Licht (Achsenbilder)

Geht man von der – auch bisher vorausgesetzten – Beleuchtung mit monochromatischem Parallellicht zu der mit konvergentem Licht über, verwendet also einen Lichtkegel, dessen Öffnung von null verschieden ist, so ändert sich die Abhängigkeit der Intensität von der Größe des Gangunterschiedes und der Lage der Schwingungsrichtung nicht, wohl aber das Aussehen der darauf beruhenden Interferenzbilder, und zwar in zweierlei Hinsicht.

1. An die Stelle des einen Gangunterschieds im Parallellicht tritt wegen der Konvergenz eine Ortsverteilung von Gangunterschieden. Die Bedingung $R = \lambda$ oder einem ganzen Vielfachen davon ist nicht mehr überall, sondern nur in bestimmten Punkten erfüllt. Die Verbindungslinie dieser Punkte gleichen Gangunterschiedes heißt Isochromate (da sie Licht einer bestimmten Wellenlänge, damit Farbe zuzuordnen ist).

2. An die Stelle des einen Paares von Schwingungsrichtungen im Parallellicht tritt wegen der Konvergenz eine Ortsverteilung von Schwingungsrichtungspaaren. Steht eine Schwingungsrichtung des Kristallplättchens auf der des Analysators senkrecht, so löscht das Plättchen nicht mehr als Ganzes, sondern nur in bestimmten Punkten aus. Die sie verbindenden Kurven (gleicher Drehung einer Kristall- gegen die Analysatorschwingungsrichtung) heißen Isogyren und speziell (bei Senkrechtstellung dieser Schwingungsrichtung) Hauptisogyren.

Demnach entspricht der Interferenzfarbe im parallelen Glühlicht die Gesamtheit der Isochromaten im konvergenten Glühlicht, und dem bei optischer Anisotropie und Objekttischdrehung auftretenden viermaligen Intensitätswechsel das sog. Wandern der Hauptisogyren. Isochromaten und Hauptisogyren gemeinsam bilden die konoskopische Interferenzfigur. Enthält sie den Ausstichspunkt einer optischen Achse, so spricht man von einem (optischen) Achsenbild. Vor allem dieser Sonderfall ist diagnostisch interessant.

Überall dort, wo das verwendete Licht nicht senkrecht auf die gekrümmten Oberflächen der Linsensysteme des Polarisationsmikroskops, die ebenen Oberflächen seiner Polarisationsfilter, des Objektträgers, des Deckglases usw. trifft, werden die Amplituden der in der Einfallsebene und der dazu senkrecht schwingenden Komponente verschieden stark verändert. Dadurch büßt die Interferenzfigur, nach dem Rand des Gesichtsfeldes hin zunehmend, an Schärfe ein.

Die Behandlung der konoskopischen Interferenzfiguren ist folglich doppelt zu gliedern: nach den beiden Erscheinungen, aus denen sie sich zusammensetzen, den Isochromaten und den Hauptisogyren sowie nach dem Vollkommenheitsgrad, der nötig ist, um die angestrebte Information zu erzielen, d.h. zunächst unter Fortlassung verzerrender Einflüsse, um die Gesetzmäßigkeiten klar überschauen zu können, und dann unter Einbeziehung prägnanzmindernder Effekte, um eine den Realitäten angepaßte Darstellung zu erlangen.

8.1. Anschauliche Ableitung der Isochromaten

Es ist (vgl. z. B. BURRI [7], S. 183–191) üblich, aber (s. RATH [39]) weder notwendig, noch praktisch, bei der Berechnung des Gangunterschiedes eine mittlere Weglänge einzusetzen, dadurch auf kleine Doppelbrechungen zu beschränken und auf *Bertin*sche Flächen sowie *Cassini*sche Kurven hinzulenken.

Zur allgemeingültigen Ableitung der Isochromaten empfiehlt es sich, – zunächst physikalisch gesehen – davon auszugehen, daß ein Kegel monochromatischen Lichts der Wellenlänge λ auf einen plättchenförmigen zweiachsigen Kristall trifft, dabei Kegelachse und Plättchennormale koindizieren und die Kegelspitze in die der Lichtquelle zugewandte Plättchenoberfläche fällt (s. Abb. 71). α ist dann zugleich Kegelöffnungs- und maximaler Einfallswinkel. Die einfallende Welle wird durch Brechung in zwei Komponenten zerlegt, die, nach abermaliger Brechung, in parallelen Richtungen und mit einem Gangunterschied R behaftet austreten und als sekundäres Interferenzbild in der Okularbildebene erscheinen (vgl. [7], Fig. 87 auf S. 171). Sämtliche Punkte dieser Ebene, in denen R denselben Wert hat, sind Punkte ein und derselben Isochromate.

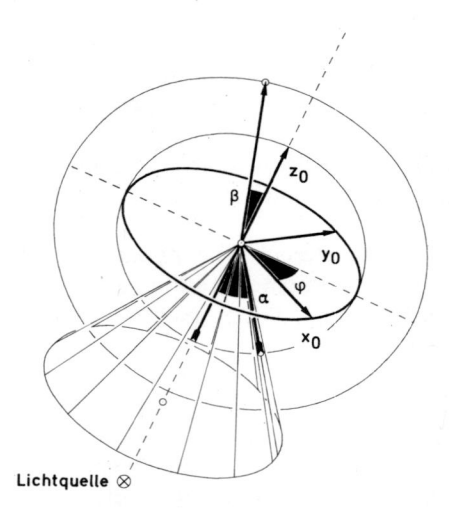

Abb. 71. Kegel monochromatischen Lichts, der von einer weiter unten zu denkenden Lichtquelle ausgeht und die (dick umrandete) beleuchtungsseitige Plättchenoberfläche so trifft, daß Kegelspitze und Flächenmittelpunkt sowie Kegelachsen- und Plättchennormalenrichtung zusammenfallen, zwischen Kegelachse und irgendeiner Mantellinie also stets der Einfallswinkel α liegt. Eine Einfallsebene wurde durch zwei (als Ellipsen erscheinende) Kreise angedeutet. Sie schneidet die Plättchenebene in der gestrichelten Gerade. Diese schließt mit der x_0-Achse des Plättchens den Winkel φ ein. (Die Darstellung wurde mit Rücksicht auf die folgende schräg gezeichnet.)

Diesem physikalischen Sachverhalt entspricht folgendes mathematische Problem. Es ist zunächst das Hauptachsensystem der Indexfläche auf das des

8.1. Anschauliche Ableitung der Isochromaten

Plättchens zu transformieren. Man erhält eine Gleichung allgemeinster Form und vierten Grades in $n_B \cos\beta$ (β Brechungswinkel, n_B Brechungszahl in der Brechungsrichtung). Es sind dann unter den vier Lösungen die beiden positiven reellen herauszusuchen (da die beiden kleineren reellen nach [2], S. 99 und 231 nicht dem Fall der Brechung, sondern dem der Reflexion entsprechen), diese Lösungen voneinander abzuziehen und auszudrucken, wenn sie eine bestimmte Bedingung erfüllen, nämlich (vgl. (5.3)), falls die Kurven geringster Intensität gesucht werden:

$$R_0 = D_0\{(n_B\cos\beta)_2 - (n_B\cos\beta)_1\} = 2j(\lambda/2), \qquad (8.1)$$

$$j = 0, 1, \ldots$$

und wenn die Kurven höchstmöglicher Intensität herauskommen sollen:

$$R_1 = D_0\{(n_B\cos\beta)_2 - (n_B\cos\beta)_1\} = (2j+1)(\lambda/2). \qquad (8.2)$$

Zur Berechnung der Brechungszahl n_B wird der Vektor $\vec{n}_B$ eingeführt und durch (vgl. (2.33)):

$$\vec{n}_B = X\vec{X}_0 + Y\vec{Y}_0 + Z\vec{Z}_0 = x\vec{x}_0 + y\vec{y}_0 + z\vec{z}_0 \qquad (8.3)$$

sowohl im (wie bisher mit großen Buchstaben bezeichneten) Hauptachsensystem der Indexfläche als auch im (mit kleinen Buchstaben abgekürzten) Hauptachsensystem der Kristallplatte dargestellt. Es gilt:

$$\left.\begin{aligned} X^2 &= (x_X x + y_X y + z_X z)^2, \\ Y^2 &= (x_Y x + y_Y y + z_Y y)^2, \\ Z^2 &= (x_Z x + y_Z y + z_Z z)^2. \end{aligned}\right\} \qquad (8.4)$$

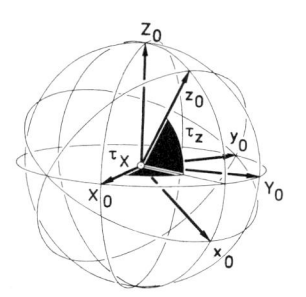

Abb. 72. Winkel τ_X und τ_z zur Festlegung der gegenseitigen Lage von Kristallplättchen (x_0, y_0, z_0) und Indexfläche (X_0, Y_0, Z_0).

Zur Berechnung der Komponenten (8.3) bzw. (8.4) werden (vgl. Abb. 72) zwei Transformationswinkel eingeführt. Nennt man die Plattennormale $\vec{z}$, so können $\vec{x}$ und $\vec{y}$ noch beliebig gedreht werden, z.B. so, daß $\vec{Z}, \vec{x}, \vec{z}$ und $\vec{X}, \vec{Y}, \vec{y}$ in je eine Großkreisebene fallen. Die beiden Großkreisebenen schneiden sich in einer

7 Rath, Allgemeine Kristalldiagnose

Gerade, die mit $\vec{X}$ und $\vec{z}$ die Winkel τ_X und τ_z einschließt. Die Transformationsmatrix lautet:

$$\begin{pmatrix} \cos\tau_X \sin\tau_z & \sin\tau_X \sin\tau_z & -\cos\tau_z \\ -\sin\tau_X & \cos\tau_X & 0 \\ \cos\tau_X \cos\tau_z & \sin\tau_X \cos\tau_z & \sin\tau_z \end{pmatrix} \qquad (8.5)$$

Die Indexflächengleichung (2.31) ergibt mit $N_X = 1/n_X$ usw.:

$$n_B^2(N_Y^2 N_Z^2 X^2 + N_Z^2 N_X^2 Y^2 + N_X^2 N_Y^2 Z^2)$$
$$-\{X^2(N_Y^2+N_Z^2)+Y^2(N_Z^2+N_X^2)+Z^2(N_X^2+N_Y^2)\}+1=0$$

und mit (2.32):

$$X^2(N_Z^2-N_X^2)(n_B^2 N_Y^2-1)+Y^2(N_Z^2-N_Y^2)(n_B^2 N_X^2-1)+(n_B^2 N_X^2-1)(n_B^2 N_Y^2-1)=0.$$

Durch Multiplikation des letzten Gliedes mit $\sin^2\chi + \cos^2\chi = 1$ (χ willkürlicher Winkel) entsteht die symmetrische Form:

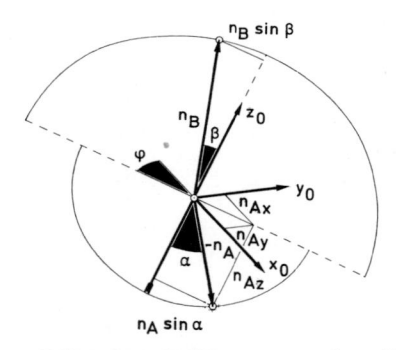

$$\begin{aligned}(n_B^2 N_X^2-1)\{Y^2(N_Z^2-N_Y^2)+\sin^2\chi(n_B^2 N_Y^2-1)\} \\ +(n_B^2 N_Y^2-1)\{X^2(N_Z^2-N_X^2)+\cos^2\chi(n_B^2 N_X^2-1)\}=0.\end{aligned} \qquad (8.6)$$

Abb. 73. Teil von Abb. 71 zur Erläuterung der Komponentendarstellung der als Vektoren genommenen Brechungszahlen n_A und n_B.

In jedem der beiden Glieder von (8.6) stellt der erste Faktor einen Kreis, der zweite eine Ellipse dar. Die x, y, z hängen (vgl. Abb. 73) mit den Brechungszahlen wie folgt zusammen. Es ist:

$$z = n_B \cos\beta,$$
$$x = -n_A \sin\alpha \cos\varphi = -n_B \sin\beta \cos\varphi,$$
$$y = -n_A \sin\alpha \sin\varphi = -n_B \sin\beta \sin\varphi,$$

ferner:

$$n^2 = n_A^2 \sin^2\alpha \cos^2\varphi + n_A^2 \sin^2\alpha \sin^2\varphi + n_B^2 \cos^2\beta,$$
$$n^2 = n_A^2 \sin^2\alpha + n_B^2 \cos^2\beta.$$

8.1. Anschauliche Ableitung der Isochromaten

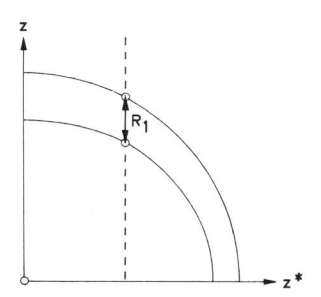

Abb. 74. Grundsätzliche Darstellung zur zeichnerischen Ermittlung von Isochromatenpunkten bei einem optisch einachsigen, senkrecht zur optischen Achse geschliffenen Kristall. Die Parallele muß so verschoben werden, daß der Abstand ihrer Schnittpunkte mit Kreis und Ellipse gleich dem gewünschten Gangunterschied wird.

Der Sonderfall $\tau_X = \tau_z = 90°$ (spitze Bisektrix senkrecht zur Plättchenoberfläche) ergibt (s. (8.4) und (8.5)) zunächst:

$$\left.\begin{array}{l} X = -y = -z^* \sin\varphi, \\ Y = x = z^* \cos\varphi, \end{array}\right\} \quad (8.7)$$

und damit, wenn man $\chi = \pi + \varphi$ wählt:

$$(n_B^2 N_X^2 - 1)\{z^{*2} N_Z^2 \cos^2\varphi - z^{*2} N_Y^2 \cos^2\varphi + (n_B^2 N_Y^2 - 1)\cos^2\varphi\}$$
$$+ (n_B^2 N_Y^2 - 1)\{z^{*2} N_Z^2 \sin^2\varphi - z^{*2} N_X^2 \sin^2\varphi + (n_B^2 N_X^2 - 1)\sin^2\varphi\} = 0$$

oder:

$$(n_B^2 N_X^2 - 1)(z^{*2} N_Z^2 - z^{*2} N_Y^2 + n_B^2 N_Y^2 - 1)\cos^2\varphi$$
$$+ (n_B^2 N_Y^2 - 1)(z^{*2} N_Z^2 - z^{*2} N_X^2 + n_B^2 N_X^2 - 1)\sin^2\varphi = 0$$

und wegen (vgl. (2.33) und (8.7)):

$$n_B^2 = z^{*2} + z^2 \quad (8.8)$$

schließlich:

$$(n_B^2 N_X^2 - 1)(z^{*2} N_Z^2 + z^2 N_Y^2 - 1)\cos^2\varphi + (n_B^2 N_Y^2 - 1)(z^{*2} N_Z^2 + z^2 N_X^2 - 1)\sin^2\varphi = 0. \quad (8.9)$$

Der Sonderfall $\tau_X = \tau_z = 0$ (stumpfe Bisektrix senkrecht zur Plattenoberfläche) liefert (s. (8.4) und (8.5)) zunächst:

$$X = z,$$
$$Y = y,$$
$$Z = -x,$$

und damit, wenn man $\chi = \varphi$ wählt, einen Ausdruck analog (8.9).

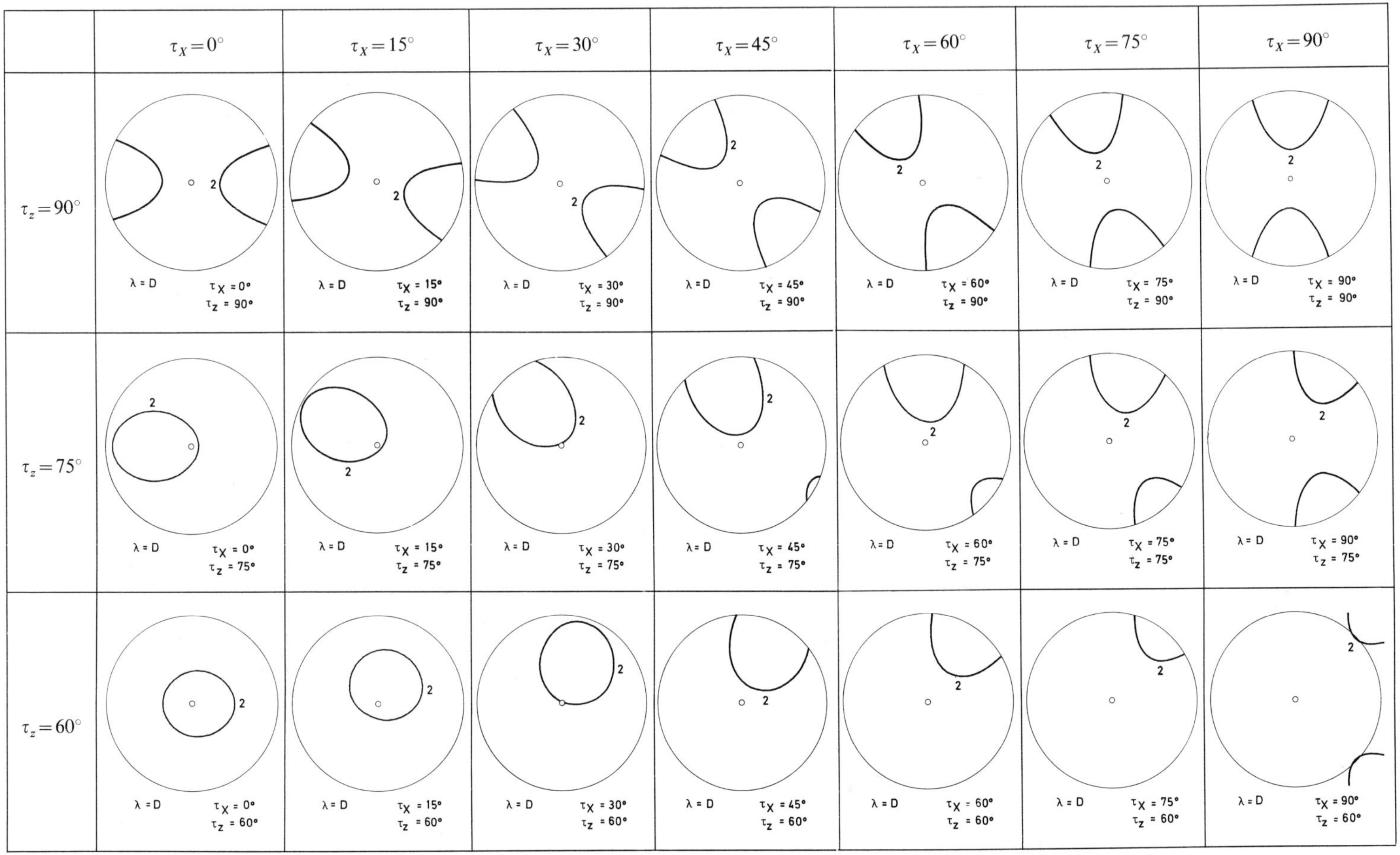

Abb. 75. Isochromaten eines durch $n_X = 1{,}5$, $n_Z = 1{,}6$, $2V_Z = 30°$ gekennzeichneten optisch zweiachsigen Kristalls als Orte geringster Intensität für $\lambda = D$ und $D_0 = 30\,\mu m$ (s. Gl. (8.1)). Die an die Kurven geschriebenen Zahlen bedeuten ganze Vielfache von $\lambda/2$.

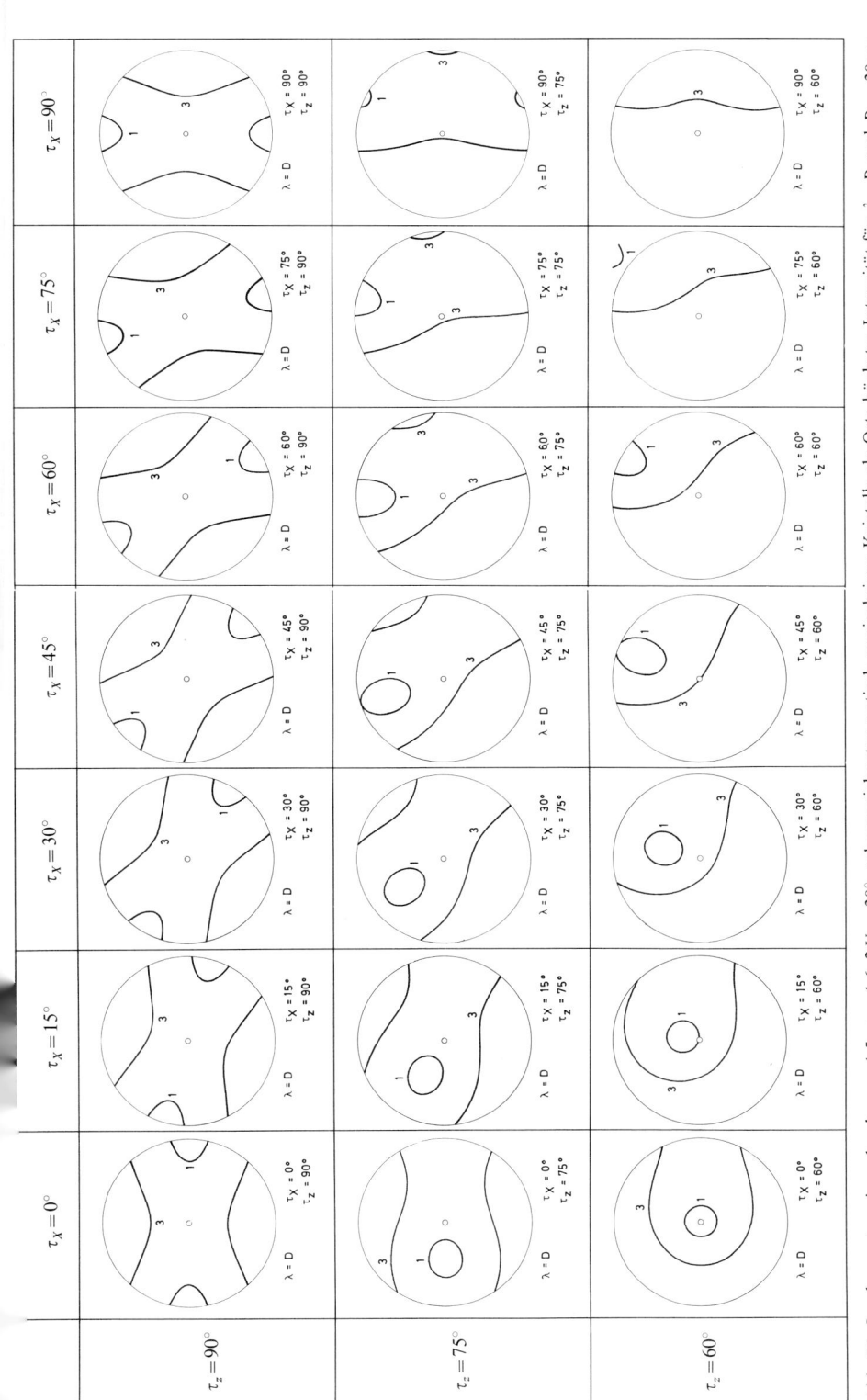

Abb. 76. Isochromaten eines durch $n_X = 1.5$, $n_Z = 1.6$, $2V_Z = 30°$ gekennzeichneten optisch zweiachsigen Kristalls als Orte höchster Intensität für $\lambda = D$ und $D_0 = 30\,\mu\text{m}$ (s. Gl. (8.2)). Die an die Kurven geschriebenen Zahlen bedeuten ganze Vielfache von $\lambda/2$.

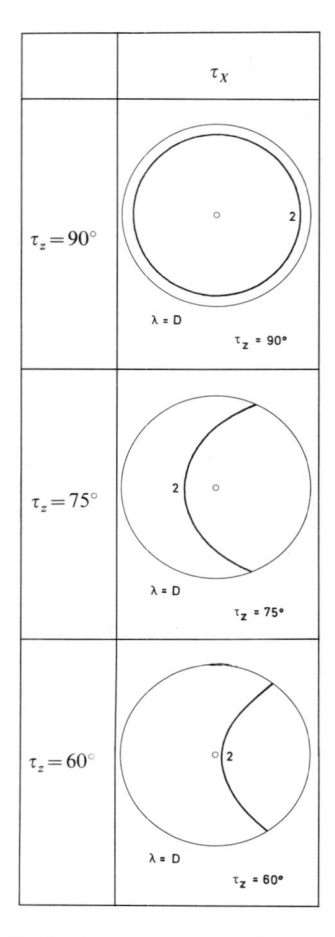

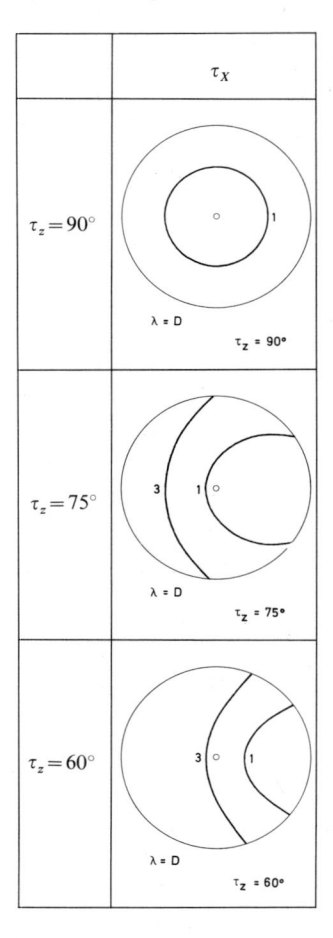

94   8. Intensität im konvergenten Licht (Achsenbilder)

Abb. 77. Isochromaten eines durch $n_E = 1,5$, $n_O = 1,6$ beschriebenen optisch einachsigen Kristalls als Orte geringster Intensität für $\lambda = D$ und $D_0 = 30\,\mu m$ (s. Gl. (8.1)). Die an den Kurven stehenden Zahlen bedeuten ganze Vielfache von $\lambda/2$.

Abb. 78. Isochromaten eines durch $n_E = 1,5$, $n_O = 1,6$ beschriebenen optisch einachsigen Kristalls als Orte höchster Intensität für $\lambda = D$ und $D_0 = 30\,\mu m$ (s. Gl. (8.2)). Die an den Kurven stehenden Zahlen bedeuten ganze Vielfache von $\lambda/2$.

Optische Einachsigkeit entsteht z. B. durch Nullsetzung des optischen Achsenwinkels, gleichbedeutend mit $n_Y = n_Z$ und (s. (8.8)):

$$(n_B^2 N_E^2 - 1)(n_B^2 N_O^2 - 1)\cos^2\varphi + (n_B^2 N_O^2 - 1)(z^{*2} N_O^2 + z^2 N_E^2 - 1)\sin^2\varphi = 0.$$

Die letzte Gleichung eignet sich formal zu einer einfachen graphischen Angabe des Achsenbildes. Man zeichnet dazu Kreis und Ellipse im z^*z-System und sucht diejenige Parallele zu z, deren Schnittpunkte mit den beiden Kurven gerade den gemäß (8.1) oder (8.2) vorgegebenen Abstand hat (vgl. Abb. 74). Das Verfahren läßt sich wegen der geringen Abstände von Kreis und Ellipse praktisch jedoch nicht verwenden.

Zur Auswertung wurde die Brechungszahl des lichtquellenseitigen Mediums $= 1$ gesetzt, der Einfallswinkel α von 0 bis $45°$, das Winkelpaar τ_X, τ_Z fünfzehngradweise von 0 bis 90° und n gemäß $n = 0, 1, \ldots$ variiert. Die verwendete Wellenlänge entspricht der der D-Linie. Die Präparatdicke D_0 betrug $30\,\mu\text{m}$. Die Ergebnisse gehen aus den Abb. 75 bis 78 hervor.

8.2. Anschauliche Ableitung der Hauptisogyren

Es ist durchaus möglich, die Hauptisogyren zu berechnen (vgl. RATH [40] und [41]) und keineswegs notwendig, die Ableitung mathematisch zu beginnen und graphisch zu vollziehen, wie es der Gepflogenheit entspricht und z. B. bei BURRI ([7], S. 176–182) nachzulesen steht.

Eine zur Erörterung aller wesentlicher Eigenschaften der Hauptisogyren ausreichende Darstellung erfordert die Durchführung dreier Schritte, nämlich:

1. der Angabe der Wellennormalenrichtungen mit gleichem Brechungsvermögen $n(\lambda)$,

2. der Projektion der durch die Endpunkte jeweils gleich großer $\vec{n}$ gebildeten Kurven auf die Plättchenoberfläche und

3. der Angabe der Kurvenpunkte mit gleicher Tangentensteigung.

Um erstens die Wellennormalenrichtungen mit gleichem Brechungsvermögen $n(\lambda)$ zu finden, wird die mit (2.33) geschriebene Indexflächengleichung (2.34) mit $-n/(n^2 - n_X^2)(n^2 - n_Y^2)(n^2 - n_Z^2)$ multipliziert, das erste Glied durch $n_X^2 n^2$ dividiert, entsprechend:

$$N_X^2 = 1/n_X^2, \quad N^2 = 1/n^2$$

abgekürzt und dadurch insgesamt in:

$$X^2/(N^2 - N_X^2) + Y^2/(N^2 - N_Y^2) + Z^2/(N^2 - N_Z^2) = 0 \tag{8.10}$$

überführt. Durch Schnitt mit einer Kugel vom Radius $n_X \leq n = \text{konst.} \leq n_Z$ ergeben sich die sog. *Becke*schen Geschwindigkeitsellipsen, durch Division:

$$s_{0X} = X/n \tag{8.11}$$

u. e. die Komponenten $s_{0X, 0Y, 0Z}$ eines in die Richtung von $\vec{n}$ gelegten Einheitsvektors $\vec{n}_0$. Mit (8.11) geht (8.10) in:

$$s_{0X}^2/(N^2 - N_X^2) + s_{0Y}^2/(N^2 - N_Y^2) + s_{0Z}^2/(N^2 - N_Z^2) = 0 \tag{8.12}$$

über.

Um zweitens die *Becke*schen Geschwindigkeitsellipsen auf die Oberfläche des Kristallplättchens projizieren zu können, muß zunächst $\vec{n}_0$ im System der Platte angegeben werden. Mit:

$$\xi = x/n \tag{8.13}$$

u. e. ist:

$$\vec{n}_0 = \xi \vec{x}_0 + \eta \vec{y}_0 + \zeta \vec{z}_0$$

und nach Multiplikation mit den Einheitsvektoren $\vec{X}_0$ usw.:

$$s_{0X} = (\vec{n}_0, \vec{X}_0) = \xi(\vec{x}_0, \vec{X}_0) + \eta(\vec{y}_0, \vec{X}_0) + \zeta(\vec{z}_0, \vec{X}_0) = \xi x_X + \eta y_X + \zeta z_X. \tag{8.14}$$

(Bezüglich der Komponenten $x_X,...$ s. (8.5) und Abb. 74.) Zur eigentlichen Projektion dient:

$$\zeta = \sqrt{1-\xi^2-\eta^2}.\tag{8.15}$$

Die Substitution von ζ (8.14) durch (8.15) liefert:

$$\left.\begin{aligned}s_{0X}&=x_X\xi+y_X\eta+z_X\sqrt{1-\xi^2-\eta^2},\\ s_{0Y}&=x_Y\xi+y_Y\eta+z_Y\sqrt{1-\xi^2-\eta^2},\\ s_{0Z}&=x_Z\xi+z_Z\sqrt{1-\xi^2-\eta^2},\end{aligned}\right\}\tag{8.16}$$

und in Verbindung mit (8.12) die Gleichung der transformierten und projizierten *Becke*schen Geschwindigkeitsellipsen, d.h. der Skiodromen. (Diese Kurvenart wurde von BECKE 1904 eingeführt und so benannt. Ihr Nutzen war bereits vor einigen Jahren umstritten, s. KAMB [42] und TERTSCH [43].) $N=N_{X,Y,Z}$ hat $s_{0X,0Y,0Z}=0$, damit Ellipsenform der Skiodromen zur Folge (vgl. Abb. 79).

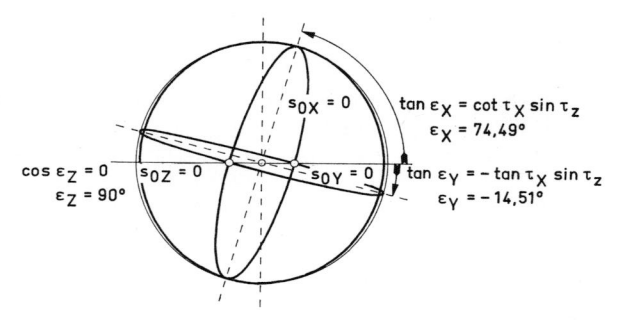

Abb. 79. Skiodromen bei Gleichheit von N und N_X oder N_Y oder N_Z. Die Ellipsen $s_{0X,0Y,0Z}$ erscheinen um die eingezeichneten Winkel $\varepsilon_{X,Y,Z}$ drehtransformiert. (Berechnet unter den Voraussetzungen $n_X=1{,}5$, $n_Y=1{,}55$, $n_Z=1{,}7$, $\tau_X=15°$, $\tau_z=75°$.)

Um drittens die Skiodromentangenten gleicher Neigung aufzufinden, geht man von der wegen (8.11) gültigen Beziehung:

$$s=s_{0X}^2+s_{0Y}^2+s_{0Z}^2-1=0\tag{8.17}$$

aus und führt durch partielle Differentiation:

$$\partial s/\partial\vec{v}=\partial s/\partial\xi+T(\partial s/\partial\eta)=0\tag{8.18}$$

nach einem Hilfsvektor $\vec{v}$ die Steigung T ein. Das (mit Hilfe von (8.16)) gewonnene) Ergebnis:

$$\partial s_{0X}/\partial\vec{v}=x_X-z_X\xi/\sqrt{1-\xi^2-\eta^2}+T(y_X-z_X\eta/\sqrt{1-\xi^2-\eta^2})=s'_{0X}$$

führt auf den Ausdruck:

$$s_{0X}s'_{0X}+s_{0Y}s'_{0Y}+s_{0Z}s'_{0Z}=0.\tag{8.19}$$

8.2. Anschauliche Ableitung der Hauptisogyren

Die Differentiation der mit (8.17) und den Abkürzungen:

$$\left.\begin{array}{l}P=(N_Y^2+N_Z^2)s_{0X}^2+(N_Z^2+N_X^2)s_{0Y}^2+(N_X^2+N_Y^2)s_{0Z}^2\\Q=N_Y^2N_Z^2s_{0X}^2+N_Z^2N_X^2s_{0Y}^2+N_X^2N_Y^2s_{0Z}^2\end{array}\right\} \quad (8.20)$$

versehenen Indexflächengleichung (8.12):

$$F=N^4-N^2P+Q=0 \quad (8.21)$$

läßt sich dann gemäß (8.19) durch Austausch der in (8.20) vorkommenden s_0^2 gegen $s_0 s_0'$ vornehmen. Bezeichnet man die durch diesen Austausch erhaltenen Ausdrücke mit P' und Q', so entsteht:

$$F'=-N^2P'+Q'=0 \quad (8.22)$$

und nach Ersatz der N Gl. (8.21) durch (8.22):

$$Q'^2-P'(PQ'-P'Q)=0. \quad (8.23)$$

Mit (8.17), (8.19) und (8.20) ergibt sich:

$$\begin{aligned}PQ'-P'Q=&\,N_X^4(N_Y^2-N_Z^2)s_{0Y}s_{0Z}(s_{0Y}s_{0Z}'-s_{0Y}'s_{0Z})\\&+N_Y^4(N_Z^2-N_X^2)s_{0Z}s_{0X}(s_{0Z}s_{0X}'-s_{0Z}'s_{0X})\\&+N_Z^4(N_X^2-N_Y^2)s_{0X}s_{0Y}(s_{0X}s_{0Y}'-s_{0X}'s_{0Y})\end{aligned}$$

und schließlich:

$$\begin{aligned}&(N_Y^2-N_Z^2)(N_Z^2-N_X^2)(N_X^2-N_Y^2)s_{0X}s_{0Y}s_{0Z}\\&\cdot\{(N_Y^2-N_Z^2)s_{0X}s_{0Y}'s_{0Z}'+(N_Z^2-N_X^2)s_{0X}'s_{0Y}s_{0Z}'+(N_X^2-N_Y^2)s_{0X}'s_{0Y}'s_{0Z}\}=0.\end{aligned} \quad (8.24)$$

(8.24) ist von allgemeinster Form und 6. Grade. Die Gleichung stellt die Gesamtlösung als Produkt der drei von T unabhängigen Teillösungen $s_{0X,0Y,0Z}$ und der von T abhängigen, in geschweifte Klammern eingeschlossenen Teillösung dar. Der Steigung $T=\tan\tau$ aber entspricht offenbar die Drehung des auf den Objekttisch geklemmten Plättchens. Die Erscheinung wandert demnach.

(8.24) repräsentiert (s. Abb. 80 und 81) im allgemeinen eine einzige Kurve, die auf dem Einheitskreis beginnt und endet und ihn in seinen Schnittpunkten mit der η-Achse berührt. In allen vier Punkten gilt:

$$\xi^2+\eta^2=\cos^2\chi+\sin^2\chi=1$$

und:

$$\{\xi+T\eta\}^2\{(N_Y^2-N_Z^2)z_Yz_Z(x_X\xi+y_X\eta)\\+(N_Z^2-N_X^2)z_Zz_X(x_Y\xi+y_Y\eta)+(N_X^2-N_Y^2)z_Xz_Y(x_Z\xi)\}=0$$

folglich:

$$\tan\chi_\eta=-\cot\tau,$$
$$\tan\chi=-\{(v_Xx_X+v_Yx_Y+v_Zx_Z)/(v_Xy_X+v_Yy_Y)\},$$
$$v_X=(N_Y^2-N_Z^2)z_Yz_Z$$

u. e.

Die Hauptisogyrengleichung läßt sich in dreierlei Hinsicht spezialisieren, in bezug auf das Brechungsvermögen n_X, n_Y, n_Z, in bezug auf die optische Orientierung τ_X, τ_z und in bezug auf die Objekttischdrehung $T=\tan\tau$.

Bei optischer Zweiachsigkeit und $\tau_z = 0°$ (Schnitt parallel zur spitzen Bisektrix im Falle eines optisch positiven und senkrecht zur spitzen Bisektrix im Falle eines optisch negativen Kristalls) reduziert sich (8.24), wenn noch $\tau = 0°$ ist, auf:

$$\xi\{(N_Y^2 - N_Z^2)\sqrt{1-\xi^2-\eta^2}\sin\tau_X(\sqrt{1-\xi^2-\eta^2}\cos\tau_X - \eta\sin\tau_X)$$
$$+ (N_Z^2 - N_X^2)\sqrt{1-\xi^2-\eta^2}\cos\tau_X(\sqrt{1-\xi^2-\eta^2}\sin\tau_X + \eta\cos\tau_X) \qquad (8.25)$$
$$- (N_X^2 - N_Y^2)\xi^2\sin\tau_X\cos\tau_X\} = 0$$

wenn noch $\tau = 90°$ ist, auf:

$$\xi(\sqrt{1-\xi^2-\eta^2}\sin\tau_X + \eta\cos\tau_X)(\sqrt{1-\xi^2-\eta^2}\cos\tau_X - \eta\sin\tau_X) = 0. \qquad (8.26)$$

(8.25) liefert die η-Achse (wegen $\tau = 0°$ Vertikale):

$$\xi = 0$$

und:

$$\{\ldots\} = 0$$

d.h.:

$$(1-\eta^2)\{(N_X^2 - N_Y^2)\sin\tau_X\cos\tau_X\}$$
$$+ \eta\sqrt{1-\xi^2-\eta^2}\{(N_Y^2 - N_Z^2)\sin^2\tau_X - (N_Z^2 - N_X^2)\cos^2\tau_X\} = 0 \qquad (8.27)$$

als Lösung. (Bezüglich einer Parameterdarstellung von (8.27), die der letzten Darstellung Abb. 85 ähnelt, s. RATH [41], S. 32, bezüglich einer Parameterdarstellung der Hauptisogyren i. allg. dagegen RATH [44].)

(8.26) ergibt die η-Achse (wegen $\tau = 90°$ Horizontale):

$$\xi = 0$$

sowie die mit ihrer großen Hauptachse der ξ-Achse parallelen Ellipsen:

$$\xi^2 + \eta^2(1 + \cot^2\tau_X) = 1,$$
$$\xi^2 + \eta^2(1 + \tan^2\tau_X) = 1.$$

Bei optischer Zweiachsigkeit und $\tau_z = 90°$ (Schnitt senkrecht zur spitzen Bisektrix im Falle eines optisch positiven und parallel zur spitzen Bisektrix im Falle eines optisch negativen Kristalls) vereinfacht sich (8.24) zu:

$$\xi^2[\{(N_Y^2 - N_Z^2)/(N_X^2 - N_Y^2)\}\{\cos\tau\cos\tau_X/\cos(\tau+\tau_X)\}$$
$$+ \{(N_Z^2 - N_X^2)/(N_X^2 - N_Y^2)\}\{\cos\tau\sin\tau_X/\sin(\tau+\tau_X)\} + 1]$$
$$+ \xi\eta[\{(N_Y^2 - N_Z^2)/(N_X^2 - N_Y^2)\}\{\sin(\tau-\tau_X)/\cos(\tau+\tau_X)\}$$
$$+ \{(N_Z^2 - N_X^2)/(N_X^2 - N_Y^2)\}\{\cos(\tau-\tau_X)/\sin(\tau+\tau_X)\}]$$
$$- \eta^2[\{(N_Y^2 - N_Z^2)/(N_X^2 - N_Y^2)\}\{\sin\tau\sin\tau_X/\cos(\tau+\tau_X)\}$$
$$- \{(N_Z^2 - N_X^2)/(N_X^2 - N_Y^2)\}\{\sin\tau\cos\tau_X/\sin(\tau+\tau_X)\} - 1] = 1$$

einer um den sich aus:

$$\tan 2\delta_H = \frac{(N_Y^2 - N_Z^2)\tan(\tau-\tau_X)\tan(\tau+\tau_X) + (N_Z^2 - N_X^2)}{(N_Y^2 - N_Z^2)\tan(\tau+\tau_X) - (N_Z^2 - N_X^2)\tan(\tau-\tau_X)}$$

ergebenden Winkel δ_H gedrehten Hyperbel.

8.2. Anschauliche Ableitung der Hauptisogyren

Bei optischer Einachsigkeit (s. die Abb. 82 und 83), die sich z. B. durch Gleichsetzen von n_Y und n_X in (8.24) erzeugen läßt, hat man von der diesem Ausdruck entsprechenden Form:

$$(N_X^2 - N_Z^2) s'_{0Z}(s_{0X} s'_{0Y} - s'_{0X} s_{0Y}) = 0 \tag{8.28}$$

auszugehen.

Ist $\tau_z = 0$, τ aber beliebig, so bleiben von (8.28):

$$s'_{0Z} = 0$$

damit der Einheitskreis:

$$\xi^2 + \eta^2 = 1$$

und:

$$s_{0X} s'_{0Y} - s'_{0X} s_{0Y} = 0$$

damit die Hyperbel:

$$\xi^2 - \xi\eta \cot\tau - 1 = 0,$$

deren große Hauptachse mit η den Winkel $\delta_H = (90° + \tau)/2$ einschließt. Nimmt auch τ einen speziellen Wert an, so lassen sich folgende Fälle unterscheiden. $\tau = 0°$ gibt:

$$\xi\eta = 0,$$

d.h. entweder:

$$\xi = 0$$

entsprechend der η-Achse (Vertikale) oder:

$$\eta = 0$$

entsprechend der ξ-Achse (Horizontale). $\tau = 90°$ liefert:

$$\xi = \pm 1,$$

d.h. zwei Geraden parallel η (der Horizontale), die den Einheitskreis tangieren.

Ist τ_z beliebig, so hat man bei τ beliebig wegen:

$$s'_{0Z} = 0$$

die mit ihrer großen Hauptachse um τ gegen die Vertikale η gedrehte Ellipse:

$$\xi^2(1 + \tan^2\tau_z) + 2T\xi\eta\tan^2\tau_z + \eta^2(1 + T^2\tan^2\tau_z) = 1 \tag{8.29}$$

und:

$$s_{0X} s'_{0Y} - s'_{0X} s_{0Y} = 0. \tag{8.30}$$

Bei $\tau = 0°$ entstehen aus (8.29) die mit ihrer großen Hauptachse η parallel stehende Ellipse:

$$\xi^2(1 + \tan^2\tau_z) + \eta^2 = 1$$

sowie (aus (8.30)):

$$\eta^2\{\xi^2(1 + \cot^2\tau_z) + \eta^2 - 1\} = 0,$$

d.h. die ξ-Achse (Horizontale):

$$\eta = 0$$

und die mit ihrer großen Hauptachse η parallele Ellipse:

$$\xi^2(1+\cot^2\tau_z)+\eta^2=1.$$

Bei $\tau=90°$ entstehen aus (8.29) die ξ-Achse (Vertikale):

$$\eta=0$$

sowie (aus (8.30)):

$$\xi\sqrt{1-\xi^2-\eta^2}\sin\tau_z+(1-\xi^2)\cos\tau_z=0.$$

Ist $\tau_z=90°$, τ aber beliebig, so bleiben:

$$s'_{0Z}=0,$$

damit die Gerade:

$$\xi+\eta\tan\tau=0$$

und:

$$s_{0X}s'_{0Y}-s'_{0X}s_{0Y}=0,$$

damit die Gerade:

$$\xi-\eta\cot\tau=0$$

(s. Abb. 82).

Wenn man das Kristallplättchen mit Hilfe des Objekttisches dreht, so überkreuzt sich die Hauptisogyre im Falle optischer Zweiachsigkeit pro Quadrant in einem Punkt und im Falle optischer Einachsigkeit stets (s. z.B. die achte Darstellung Abb. 80, die neunte Darstellung Abb. 81 sowie die Abb. 82 und 83). Die Lage dieser Eigenschnittpunkte läßt sich folgendermaßen berechnen.

Man kann die vier Schnitte als Punkte vorgetäuschter Einachsigkeit betrachten und ebenso wie bei echter Einachsigkeit in (8.24) z.B. $N_X=N_Y$ setzen, mit dem Ergebnis:

$$(N_Y^2-N_Z^2)s_{0X}s'_{0Y}s'_{0Z}+(N_Z^2-N_X^2)s'_{0X}s_{0Y}s'_{0Z}=0. \tag{8.31}$$

Der Vergleich von (8.24) mit (8.31) liefert:

$$(N_X^2-N_Y^2)s'_{0X}s'_{0Y}s_{0Z}=0$$

mit den Lösungen:

$$s'_{0X}=0, \tag{8.32}$$

$$s'_{0Y}=0, \tag{8.33}$$

$$s_{0Z}=0. \tag{8.34}$$

Zur Berechnung der Schnittpunkte mit η wird:

$$\eta=0$$

gesetzt. Da (8.32) und (8.33) nicht gleichzeitig verschwinden können, folgt:

$$(N_Y^2-N_Z^2)s_{0X}s'_{0Y}s'_{0Z}=0 \quad | \quad (N_Z^2-N_X^2)s'_{0X}s_{0Y}s'_{0Z}=0$$

und daraus mit:

$$\left.\begin{array}{r}\xi=\cos\rho,\\ \sqrt{1-\xi^2}=\sin\rho\end{array}\right\} \tag{8.35}$$

$$s_{0X}=\cos\tau_X\sin(\rho+\tau_z)=0 \quad | \quad s_{0Y}=\sin\tau_X\sin(\rho+\tau_z)=0$$

8.2. Anschauliche Ableitung der Hauptisogyren

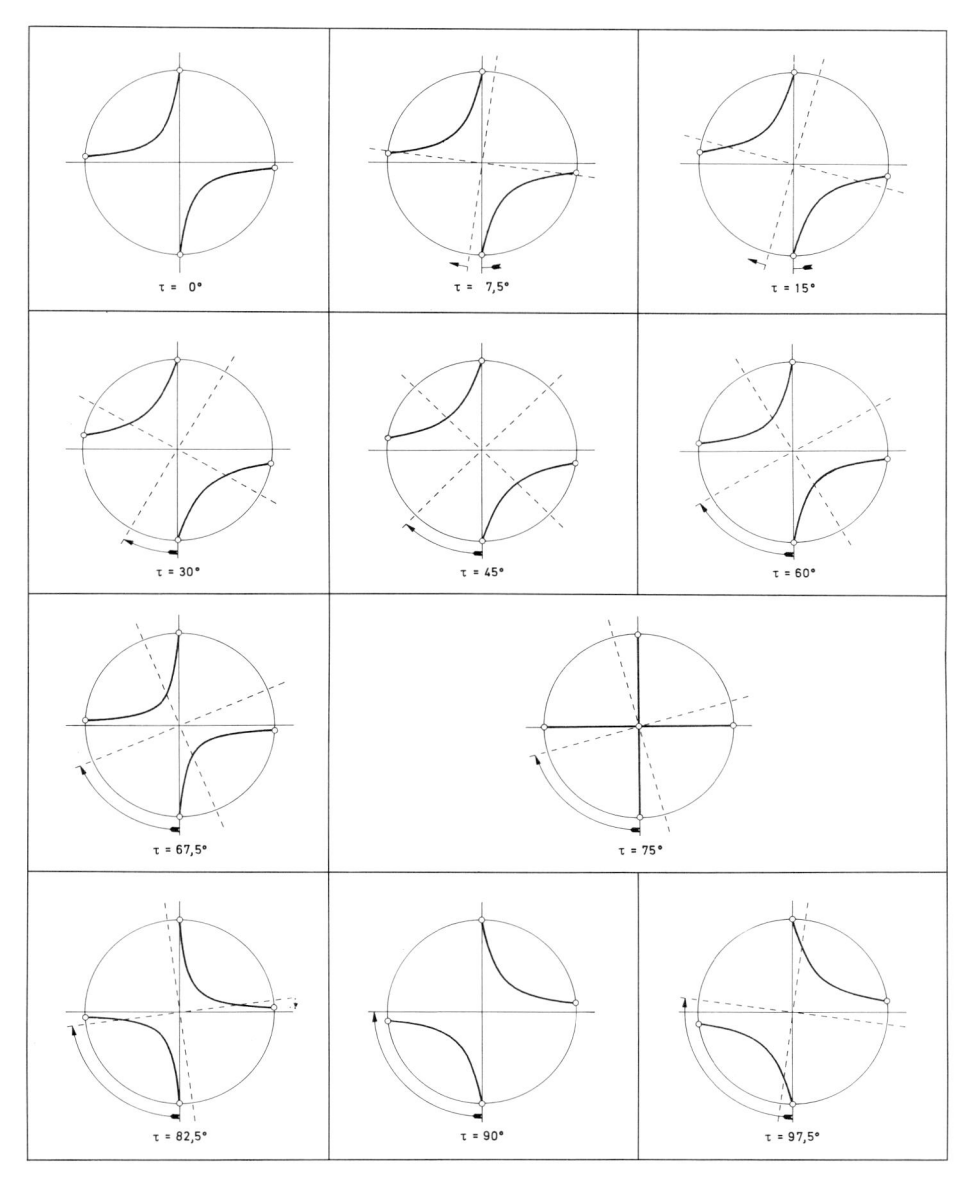

Abb. 80. Formen der Hauptisogyren in den Fällen $\tau_X = 15°$, $\tau_Z = 90°$, einer (durch Strichelung angedeuteten) Objekttischdrehung um τ, $n_X = 1{,}5$, $n_Y = 1{,}55$, $n_Z = 1{,}7$.

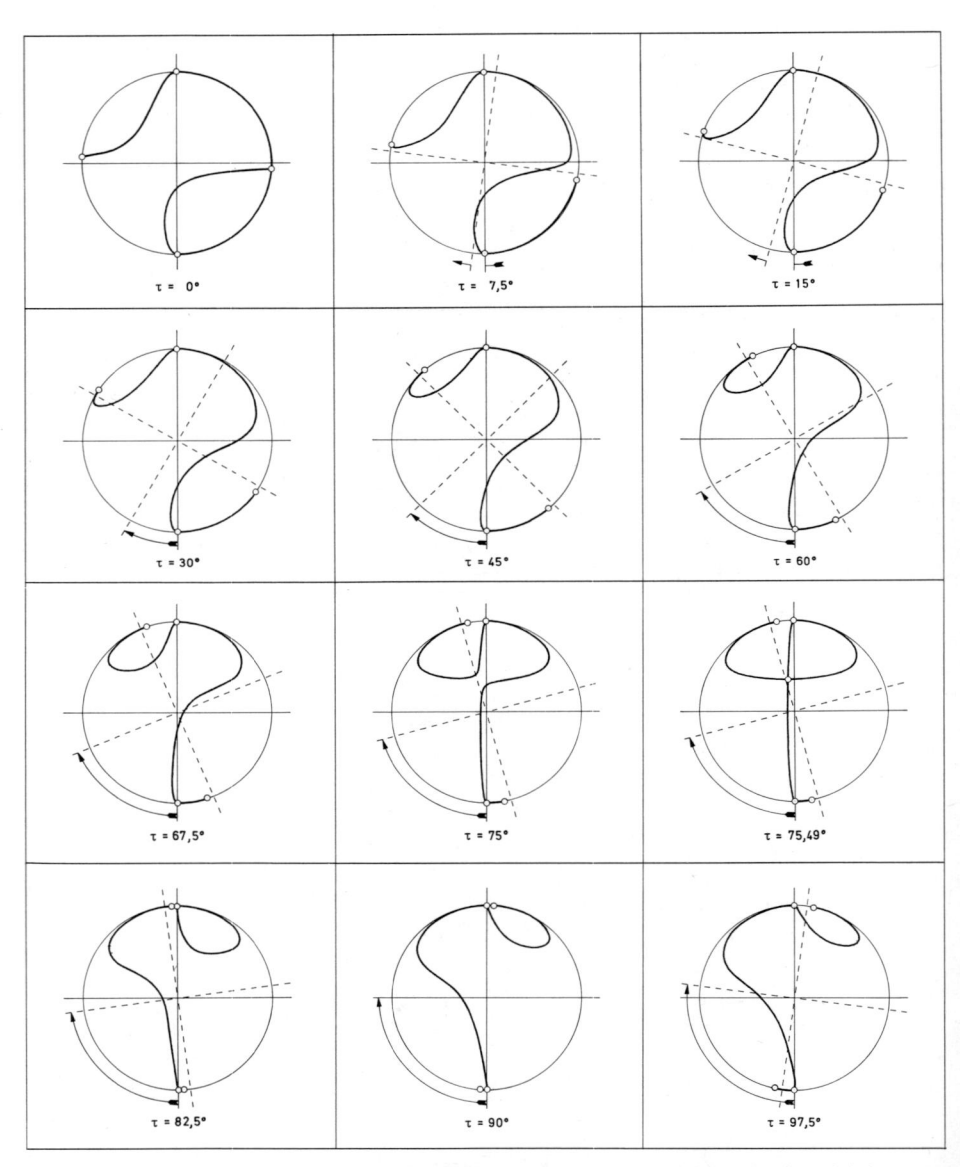

8. Intensität im konvergenten Licht (Achsenbilder)

Abb. 81. Formen der Hauptisogyren in den Fällen $\tau_X = 15°$, $\tau_z = 75°$, einer (durch Strichelung angedeuteten) Objekttischdrehung um τ, $n_X = 1{,}5$, $n_Y = 1{,}55$, $n_Z = 1{,}7$.

8.2. Anschauliche Ableitung der Hauptisogyren

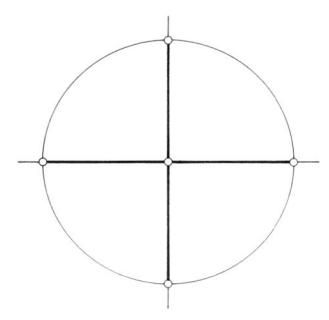

Abb. 82. Form der Hauptisogyren in den Fällen $\tau_X = 15°$, $\tau_z = 90°$, einer beliebigen Objekttischdrehung und $n_X = n_Y = 1{,}5$, $n_Z = 1{,}7$.

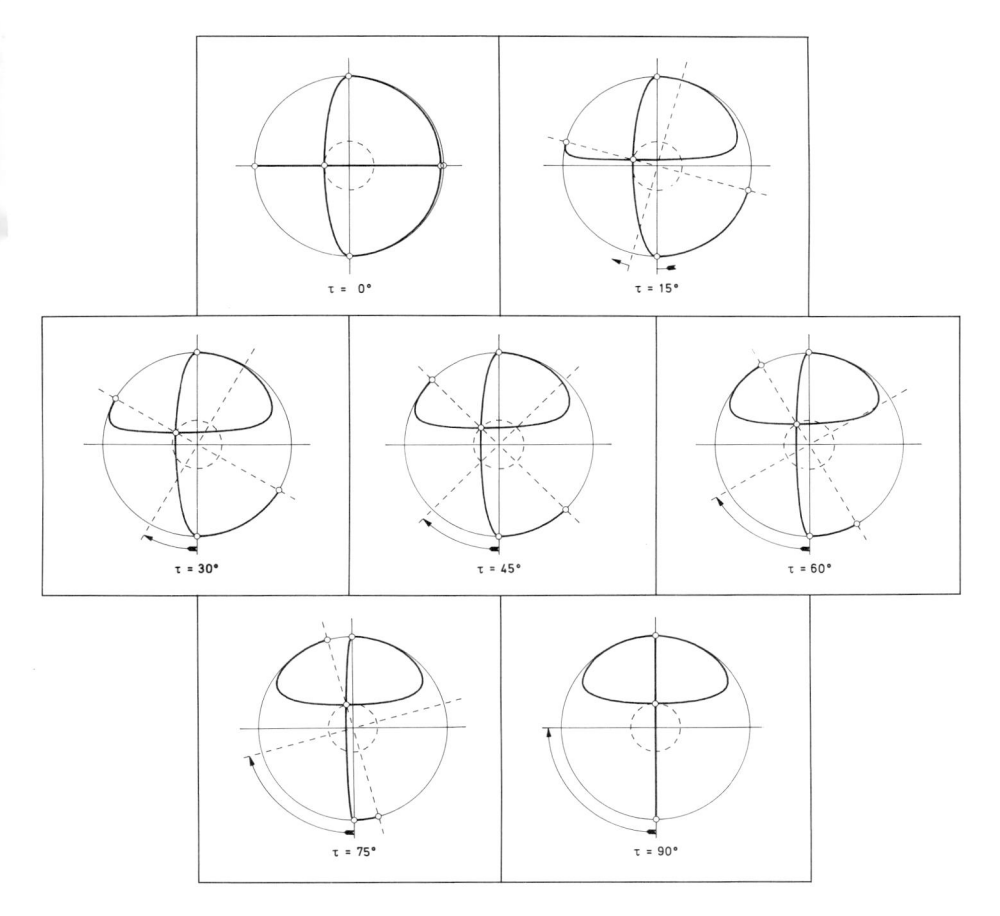

Abb. 83. Formen der Hauptisogyren in den Fällen $\tau_X = 15°$, $\tau_z = 75°$, einer (durch Strichelung angedeuteten) Objekttischdrehung um τ, $n_X = n_Y = 1{,}5$, $n_Z = 1{,}7$.

8. Intensität im konvergenten Licht (Achsenbilder)

d. h. falls (linke Gleichung) $\tau_X \neq 90°$ und (rechte Gleichung) $\tau_X \neq 0$ ist:

$$\sin(\rho + \tau_z) = 0,$$
$$\rho = -\tau_z. \quad (8.36)$$

Der Mittelpunktsabstand der Schnittpunkte beträgt demnach (vgl. (8.35) und (8.36)) wie bei echter Einachsigkeit:

$$\xi = \cos\tau_z.$$

(Auf Abb. 83 ist dieser Abstand durch einen gestrichelten Kreis eingetragen worden.)

Zur Angabe derjenigen τ, bei denen Einachsigkeit vorgetäuscht wird, braucht nur noch (8.36) in (8.32) und (8.33) eingesetzt werden. Das Ergebnis lautet:

$$T = \cot\tau_X/\sin\tau_z \quad (8.37) \quad | \quad T = -\tan\tau_X/\sin\tau_z. \quad (8.38)$$

(8.34) liefert in Übereinstimmung mit (8.37) und (8.38):

$$\xi = \sin\tau_z.$$

Unter den Voraussetzungen $n_X = 1{,}5$, $n_Y = 1{,}55$, $n_Z = 1{,}7$ und $\tau_X = 15°$, $\tau_z = 75°$ liegt der im zweiten Quadranten auftretende Eigenschnittpunkt bei $\tau = 75{,}49°$ (s. die neunte Darstellung der Abb. 81). Ersetzt man $\tau_z = 75°$ durch $\tau_z = 90°$, so fallen die Punkte mit dem Zentrum zusammen (vgl. Abb. 80).

Zur Festlegung der Koordinaten φ_0 und ρ_0 der Eigenschnittpunkte genügt es, in (8.24) für T (8.37) zu verwenden. Das Resultat:

$$s_{0Y}\{-(N_Y^2 - N_Z^2)s_{0X}\sin\tau_z(\sqrt{1-\xi^2-\eta^2} - s_{0Y}\sin\tau_X\cos\tau_z)$$
$$+(N_Z^2 - N_X^2)s_{0Y}^2\cos\tau_X\sin\tau_z\cos\tau_z -$$
$$-(N_X^2 - N_Y^2)s_{0Z}\cos\tau_X\cos\tau_z(\sqrt{1-\xi^2-\eta^2} - s_{0Y}\sin\tau_X\cos\tau_z)\} = 0$$

hat die Lösungen:

$$s_{0Y} = 0, \quad (8.39)$$
$$\{\ldots\} = 0. \quad (8.40)$$

Die gesuchten Punkte ergeben sich als Schnittpunkte der durch (8.39) und (8.40) dargestellten Kurven. Mit:

$$\xi = \cos\rho_0\cos\varphi_0,$$
$$\eta = \cos\rho_0\sin\varphi_0,$$
$$\sqrt{1-\xi^2-\eta^2} = \sin\rho_0$$

gilt:

$$\tan\varphi_0 = \frac{(N_X^2 - N_Y^2)\sin\tau_X\cos\tau_X}{\sin\tau_X\{(N_Z^2 - N_X^2)\cos^2\tau_X - (N_Y^2 - N_Z^2)\sin^2\tau_X\}},$$

$$\tan\rho_0 = -\left(\frac{\sin\varphi_0\cos\tau_X + \cos\varphi_0\sin\tau_X\sin\tau_z}{\sin\tau_X\cos\tau_z}\right),$$

$$r_0 = \cos\rho_0 = 1/\sqrt{1+\tan^2\rho_0}.$$

8.3. Realistische Darstellung der Achsenbilder

Eine gewisse Diskrepanz zwischen theoretisch bestimmten und praktisch gefundenen Kurven ist zwar stets zu erwarten, tritt aber bei Achsenbildern in Form der nach dem Bildrand stark zunehmenden schweifförmigen Verbreiterung der Hauptisogyren besonders störend in Erscheinung. Die Gründe sind physiologisch-optischer wie physikalisch-optischer Art.

In physiologisch-optischer Hinsicht sind Helligkeit und Farbigkeit des Bildes zu beachten. Bezüglich der Helligkeit interessiert die (aus Abb. 84 ersichtliche) Unterschiedsempfindlichkeit der Augen. Sie liegt für alle normalerweise auftretenden Beleuchtungsstärken (mit $B = 100$ asb) bei 2%.

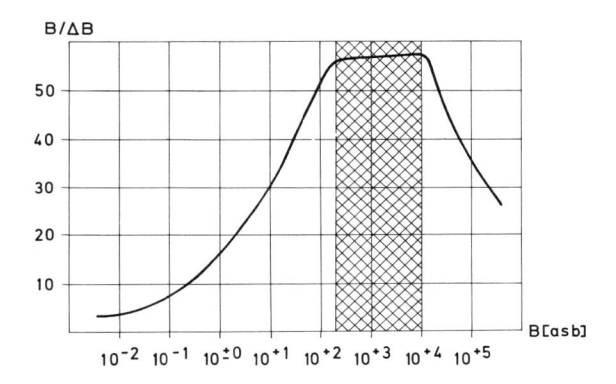

Abb. 84. Unterschiedsempfindlichkeit $B/\Delta B$ der Augen im Bereich normaler Beleuchtungsstärken B. Gezeichnet nach SCHOBER [45], II. Band, Abb. 112 auf S. 267. (Aufgenommen wurde die Kurve von KÖNIG und BRODHUN.)

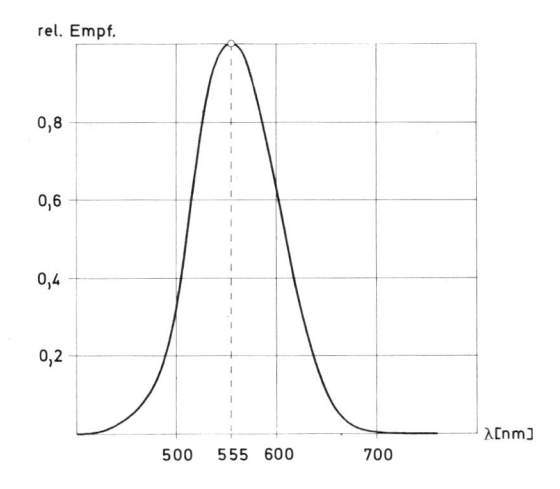

Abb. 85. Wellenlängenabhängigkeit (relative Empfindlichkeit) des Sehvermögens im Bereich des sichtbaren Spektrums $\lambda \approx 400$ nm bis 800 nm.

Bezüglich der Farbigkeit gilt die (auf Abb. 85 dargestellte) Wellenlängenabhängigkeit des Sehvermögens. Es erreicht sein Optimum bei 555 nm.

In physikalisch-optischer Hinsicht hat z. B. die Durchlaßcharakteristik der Polarisationsfilter (und zwar sowohl als Funktion der Drehung, der Kippung als auch der Wellenlänge) wesentlich geringeren Einfluß als die Beleuchtung mit konvergentem (und nicht, wie übrigens durch (8.15) auch in Abschn. 8.2 angenommen wurde, parallelem) Licht. Dadurch werden besonders die am Rand des Gesichtsfeldes austretenden Wellen in ihren Fortpflanzungs- und Schwingungsrichtungen stark verändert.

Hinzu kommt, daß auch alle brechenden Flächen einen entsprechenden Einfluß ausüben, der übrigens Anlaß zum Auftreten der sog. isotropen Kreuze gibt. Im folgenden soll zunächst Näheres über diesen Einfluß mitgeteilt und dann erst zu einer wirklichkeitsgetreuen Darstellung der Achsenbilder übergegangen werden.

8.3.1. Drehung der Schwingungsebene an brechenden Flächen

Der Einfachheit halber werde vorausgesetzt, daß die betrachtete Welle aus einem optisch isotropen Medium, z. B. Luft kommt und in ein isotropes Medium, z. B. die auf Abb. 86 angedeutete Glaslinse übergeht. Dann fallen Wellennormalen- und Strahl-(Energietransport-)Richtung der Welle zusammen, brauchen also nicht mehr unterschieden zu werden.

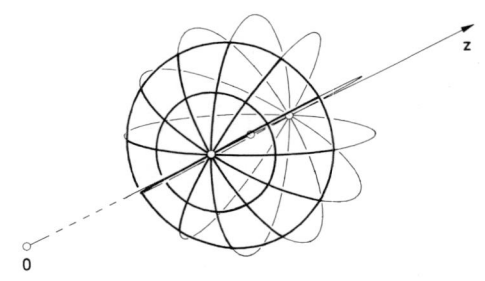

Abb. 86. Als Kugelkalotte dargestellte Oberfläche einer Glaslinse. 0 ist Sitz einer Parallellichtquelle, z Fortpflanzungsrichtung des Lichts.

Eine solche Richtung treffe die Linsenoberfläche in irgendeinem, durch (φ, ρ) bestimmten Punkt P_T (vgl. Abb. 87 und 88). $\vec{s}_0$ sei der Einheitsvektor in dieser Richtung, P_T zugleich Ursprung eines rechtwinkligen Rechtssystems (X, Y, Z). Da man bei Energieüberlegungen gemäß (2.7) stets die Vektoren $\vec{E}$ und $\vec{H}$ zu betrachten hat, und die Tangentialkomponenten dieser Vektoren beim Übergang vom einen ins andere Medium stetig sind, legt man das System so, daß seine Z-Achse mit dem in P_T auf der Oberfläche senkrecht stehenden Einfallslot zusammenfällt und seine Y-Achse durch den Schnitt von Einfalls- und in P_T an die Oberfläche gelegter Tangentialebene definiert ist, also die Normale der Tangentialebene und die Richtung, in die die Tangentialkomponenten fallen, vorkommen. Dann gilt:

$$\vec{s}_0 = \vec{Y}_0 \sin \alpha - \vec{Z}_0 \cos \alpha. \tag{8.41}$$

8.3.1. Drehung der Schwingungsebene an brechenden Flächen

Der Zusammenhang von $\vec{E}$ und $\vec{H}$ ergibt sich, wenn man (2.5) durch $\mu=1$ auf fehlenden Magnetismus zuschneidet, nach der Zeit differenziert und mit (2.1) gleichsetzt zu:

$$\mu_0 \dot{\vec{H}} = -\operatorname{rot} \vec{E}.$$

Wegen (2.24) wird daraus:

$$\mu_0 \dot{\vec{H}} = -ik[\vec{s_0}, \vec{E}]$$

wegen (2.15):

$$-i\omega\mu_0 \vec{H} = -ik[\vec{s_0}, \vec{E}]$$

und wegen (2.17):

$$\vec{H} = \frac{n_1}{c\mu_0}[\vec{s_0}, \vec{E}]. \tag{8.42}$$

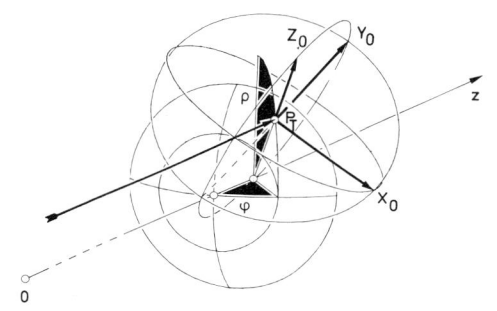

Abb. 87. Oberfläche einer Glaslinse, die in $P_T(\varphi, \rho)$ von Parallellicht (dicker Pfeil parallel z) getroffen wird und Lage des Systems (X_0, Y_0, Z_0).

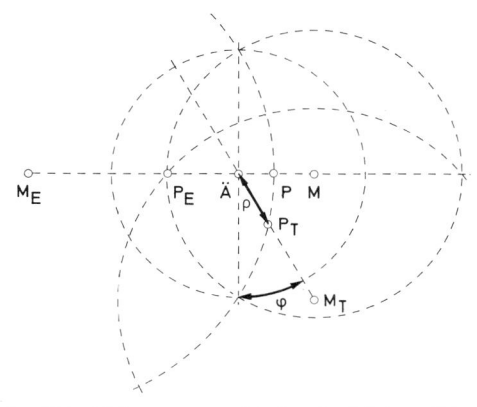

Abb. 88. Verhältnisse der Abb. 87 in stereographischer Projektion. $Ä$ ist Mittelpunkt und Pol des Äquators. M und P stellen Mittelpunkt und Pol der die Einfallsrichtung (Vertikale) enthaltenden und zur Einfallsebene senkrechten Ebene dar. Die Indizes E, T bezeichnen die entsprechenden Punkte der Einfalls- und der Tangentialebene.

Beim Passieren der Grenzfläche müssen die Tangentialkomponenten von $\vec{E}$ und $\vec{H}$ stetig sein, d. h. es muß gelten:

$$\left.\begin{array}{l} E_X + E_X' = E_X'', \\ E_Y + E_Y' = E_Y'', \end{array}\right\} \tag{8.43}$$

$$n_1[\vec{s_0},\vec{E}]_X + n_1[\vec{s_0'},\vec{E'}]_X = n_2[\vec{s_0''},\vec{E''}]_X,$$
$$n_1[\vec{s_0},\vec{E}]_Y + n_1[\vec{s_0'},\vec{E'}]_Y = n_2[\vec{s_0''},\vec{E''}]_Y.$$
(8.44)

Dabei bedeutet n_1 das Brechungsvermögen des lichtquellenseitigen, n_2 das Brechungsvermögen des beobachterseitigen Mediums, ferner kein Strich die Kennung des einfallenden Lichts, ein Strich die des reflektierten und zwei Striche die des gebrochenen Lichts.

Die Größe der Komponenten von $\vec{H}$ beträgt (von dem Faktor $1/c\mu_0$ abgesehen) im (X, Y, Z)-System:

$$\begin{aligned}
[\vec{s_0},\vec{E}]_X &= s_{0Y}E_Z - s_{0Z}E_Y = E_Z\sin\alpha + E_Y\cos\alpha \\
[\vec{s_0},\vec{E}]_Y &= s_{0Z}E_X - s_{0X}E_Z = -E_X\cos\alpha \\
[\vec{s_0'},\vec{E'}]_X &= s_{0Y}'E_Z' - s_{0Z}'E_Y' = E_Z'\sin\alpha - E_Y'\cos\alpha \\
[\vec{s_0'},\vec{E'}]_Y &= s_{0Z}'E_X' - s_{0X}'E_Z' = E_X'\cos\alpha \\
[\vec{s_0''},\vec{E''}]_X &= s_{0Y}''E_Z'' - s_{0Z}''E_Y'' = E_Z''\sin\alpha'' + E_Y''\cos\alpha'' \\
[\vec{s_0''},\vec{E''}]_Y &= s_{0Z}''E_X'' - s_{0X}''E_Z'' = -E_X''\cos\alpha''.
\end{aligned}$$
(8.45)

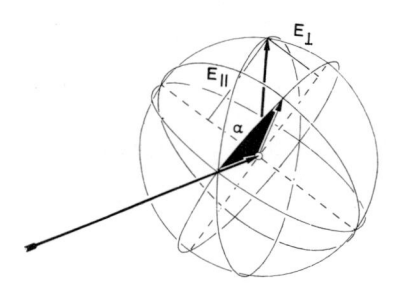

Abb. 89. Darstellung des in Richtung des einfallenden Strahls weisenden Einheitsvektors $\vec{s_0}$ und der Komponenten $E_\perp$, $E_\parallel$ der zugehörigen elektrischen Feldstärke $\vec{E}$.

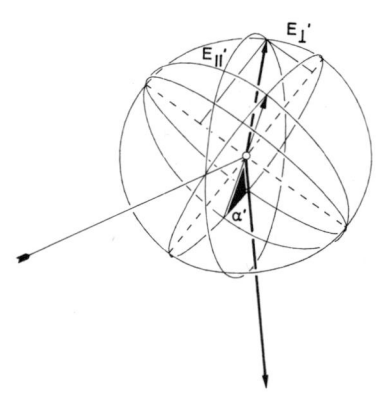

Abb. 90. Darstellung des in Richtung des reflektierten Strahls weisenden Einheitsvektors $\vec{s_0'}$ und der Komponenten $E_\perp'$, $E_\parallel'$ der zugehörigen elektrischen Feldstärke $\vec{E'}$.

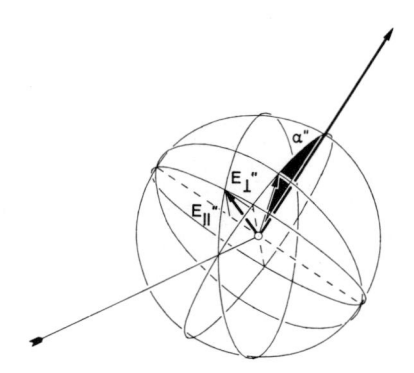

Abb. 91. Darstellung des in Richtung des gebrochenen Strahls weisenden Einheitsvektors $\vec{s_0''}$ und der Komponenten $E_\perp''$, $E_\parallel''$ der zugehörigen elektrischen Feldstärke $\vec{E''}$.

8.3.1. Drehung der Schwingungsebene an brechenden Flächen

Die Größe der Komponenten von $\vec{E}$ beträgt im $(\perp, \|)$-System (vgl. Joos [46], S. 327–329 und die Abb. 89 bis 91):

$$E_X = E_\perp, \qquad E'_X = E'_\perp, \qquad E''_X = E''_\perp, \qquad (8.46)$$

$$\left.\begin{array}{l} E_Y = E_\| \cos\alpha, \quad E'_Y = -E'_\| \cos\alpha, \quad E''_Y = E''_\| \cos\alpha'', \\ E_Z = E_\| \sin\alpha, \quad E'_Z = E'_\| \sin\alpha, \quad E''_Z = E''_\| \sin\alpha''. \end{array}\right\} \quad (8.47)$$

Aus (8.43) bis (8.47) lassen sich vier zur Berechnung der $E_{\perp,\|}$ geeignete Beziehungen isolieren, und zwar:

aus (8.43) und (8.46):
$$E_\perp + E'_\perp = E''_\perp \qquad (8.48)$$

aus (8.44) bis (8.46):
$$-n_1 E_\perp \cos\alpha + n_1 E'_\perp \cos\alpha = -n_2 E''_\perp \cos\alpha'',$$
$$(E_\perp - E'_\perp)\cos\alpha = n_B E''_\perp \cos\alpha'' \qquad (8.49)$$

aus (8.43) und (8.47):
$$E_\| \cos\alpha - E'_\| \cos\alpha = E''_\| \cos\alpha'',$$
$$(E_\| - E'_\|)\cos\alpha = E''_\| \cos\alpha'' \qquad (8.50)$$

aus (8.44), (8.45) und (8.47):
$$n_1 E_\|(\sin^2\alpha + \cos^2\alpha) + n_1 E'_\|(\sin^2\alpha + \cos^2\alpha) = n_2 E''_\|(\sin^2\alpha'' + \cos^2\alpha''),$$
$$E_\| + E'_\| = \frac{n_2}{n_1} E''_\| = n_B E''_\|. \qquad (8.51)$$

(8.48) bis (8.51) stellen vier Gleichungen mit vier Unbekannten dar.

Aus (8.48) und (8.49) läßt sich (unter Verwendung des Brechungsgesetzes) $E''_\perp$ eliminieren:

$$E_\perp + E'_\perp = \frac{(E_\perp - E'_\perp)\cos\alpha}{n_B \cos\alpha''},$$

$$n_B E_\perp \cos\alpha'' + n_B E'_\perp \cos\alpha'' = E_\perp \cos\alpha - E'_\perp \cos\alpha,$$

$$E'_\perp = E_\perp \frac{\cos\alpha - n_B \cos\alpha''}{\cos\alpha + n_B \cos\alpha''} = E_\perp \frac{\cos\alpha - \dfrac{\sin\alpha}{\sin\alpha''}\cos\alpha''}{\cos\alpha + \dfrac{\sin\alpha}{\sin\alpha''}\cos\alpha''} = E_\perp \frac{\sin(\alpha'' - \alpha)}{\sin(\alpha'' + \alpha)},$$

$$E'_\perp = -E_\perp \frac{\sin(\alpha - \alpha'')}{\sin(\alpha + \alpha'')}. \qquad (8.52)$$

Das Minuszeichen wird vorgezogen, um den reflexionsbedingten Phasensprung des Vektors der elektrischen Feldstärke anzudeuten.

Aus (8.48) und (8.49) läßt sich (unter Verwendung des Brechungsgesetzes) $E'_\perp$ eliminieren:

$$E''_\perp - E_\perp = \frac{E_\perp \cos\alpha - n_B E''_\perp \cos\alpha''}{\cos\alpha},$$

$$E''_\perp \cos\alpha - E_\perp \cos\alpha = E_\perp \cos\alpha - n_B E''_\perp \cos\alpha'',$$

$$E''_\perp = E_\perp \frac{2\cos\alpha}{\cos\alpha + n_B \cos\alpha''} = E_\perp \frac{2\cos\alpha}{\cos\alpha + \dfrac{\sin\alpha}{\sin\alpha''}\cos\alpha''} = E_\perp \frac{2\cos\alpha\sin\alpha''}{\cos\alpha\sin\alpha'' + \sin\alpha\cos\alpha''},$$

$$E''_\perp = E_\perp \frac{2\cos\alpha\sin\alpha''}{\sin(\alpha+\alpha'')}. \tag{8.53}$$

Aus (8.50) und (8.51) läßt sich (unter Verwendung des Brechungsgesetzes) $E''_\|$ eliminieren:

$$\frac{(E_\| - E'_\|)\cos\alpha}{\cos\alpha''} = \frac{E_\| + E'_\|}{n_B},$$

$$n_B E_\| \cos\alpha - n_B E'_\| \cos\alpha = E_\| \cos\alpha'' + E'_\| \cos\alpha'',$$

$$E'_\| = E_\| \frac{n_B \cos\alpha - \cos\alpha''}{n_B \cos\alpha + \cos\alpha''} = E_\| \frac{\dfrac{\sin\alpha}{\sin\alpha''}\cos\alpha - \cos\alpha''}{\dfrac{\sin\alpha}{\sin\alpha''}\cos\alpha + \cos\alpha''} = E_\| \frac{\sin 2\alpha - \sin 2\alpha''}{\sin 2\alpha + \sin 2\alpha''}$$

$$= E_\| \frac{2\sin\dfrac{2\alpha - 2\alpha''}{2}\cos\dfrac{2\alpha + 2\alpha''}{2}}{2\sin\dfrac{2\alpha + 2\alpha''}{2}\cos\dfrac{2\alpha - 2\alpha''}{2}},$$

$$E'_\| = E_\| \frac{\tan(\alpha - \alpha'')}{\tan(\alpha + \alpha'')}. \tag{8.54}$$

Aus (8.50) und (8.51) läßt sich (unter Verwendung des Brechungsgesetzes) $E'_\|$ eliminieren:

$$\frac{E_\| \cos\alpha - E''_\| \cos\alpha''}{\cos\alpha} = n_B E''_\| - E_\|,$$

$$E_\| \cos\alpha - E''_\| \cos\alpha'' = n_B E''_\| \cos\alpha - E_\| \cos\alpha,$$

$$E''_\| = E_\| \frac{2\cos\alpha}{n_B \cos\alpha + \cos\alpha''} = E_\| \frac{2\cos\alpha}{\dfrac{\sin\alpha}{\sin\alpha''}\cos\alpha + \cos\alpha''}$$

$$= E_\| \frac{2\cos\alpha\sin\alpha''}{\sin\alpha\cos\alpha + \sin\alpha''\cos\alpha''} = E_\| \frac{2\cos\alpha\sin\alpha''}{\dfrac{\sin 2\alpha}{2} + \dfrac{\sin 2\alpha''}{2}},$$

$$E''_\| = E_\| \frac{2\cos\alpha\sin\alpha''}{\sin(\alpha+\alpha'')\cos(\alpha-\alpha'')}. \tag{8.55}$$

(8.52) bis (8.55) heißen *Fresnel*sche Formeln. Die Azimute von $\vec{E}'$ und $\vec{E}''$ ergeben sich als Quotienten der im ein- bzw. zweigestrichenen Fall gültigen Ausdrücke:

$$\tan\Phi' = \tan\Phi \frac{\cos(\alpha-\alpha'')}{\cos(\alpha+\alpha'')},$$

$$\tan\Phi'' = \tan\Phi \cos(\alpha-\alpha'').$$

8.3.2. Isotrope Kreuze

Die im vorigen Abschnitt behandelte Drehung der Schwingungsrichtungen an brechenden Flächen gibt Anlaß zur Entstehung der sog. isotropen Kreuze. Es handelt sich dabei um Erscheinungen, die im Polarisationsmikroskop zu sehen sind, nachdem man konoskopische Beleuchtung eingestellt, das Präparat herausgenommen und den Analysator eingeschoben hat, also wie bei isotropen Kristallen ein dunkles Gesichtsfeld haben müßte, und die unter bestimmten Umständen dem von (senkrecht zur optischen Achse getroffenen) optisch einachsigen Kristallen her bekannten (Hauptisogyren-)Kreuz ähneln. Man kennt drei Arten isotroper Kreuze (vgl. KAMB [42] sowie RATH und POHL [47]).

Das isotrope Kreuz 1. Art tritt bei voller Ausleuchtung des Gesichtsfeldes und Senkrechtstellung der Schwingungsrichtungen von Polarisator und Analysator in Form zweier diesen Schwingungsrichtungen paralleler Balken auf (Abb. 92). Dreht man den Polarisator, so wird das Kreuz zur Hyperbel, deren Äste in den durch die beiden Schwingungsrichtungen gebildeten stumpfwinkligen Sektoren nach außen wandern und schließlich verschwinden (Abb. 93 und 94).

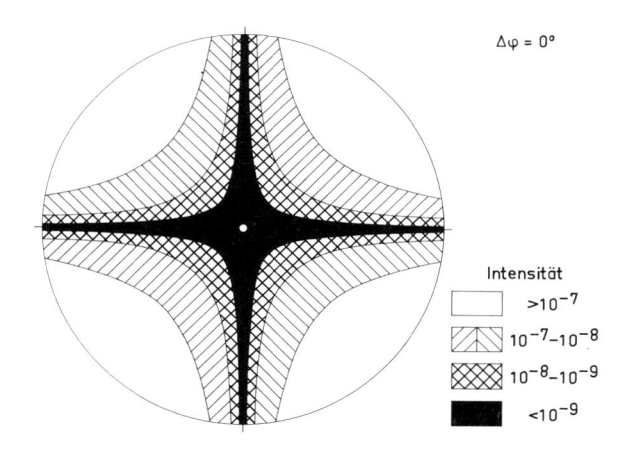

Abb. 92. Intensitätsverteilung im Gesichtsfeld des Mikroskops bei exakter Kreuzstellung von Polarisator und Analysator. (Isotropes Kreuz 1. Art.)

Zur Erklärung genügt es, nur das z. B. an einer Bikonvexlinse gebrochene Licht zu betrachten und die Drehung seiner Schwingungsrichtung mit Hilfe der *Fresnel*schen Formeln (Abschn. 8.3.1) einzubeziehen.

Die isotropen Kreuze 2. und 3. Art treten bei Tubushebung nacheinander in Form randlicher Balkenstümpfe auf. Das isotrope Kreuz 3. Art bewegt sich bei Dejustierung von Polarisator und Analysator in Richtung der spitzwinkligen Sektoren und langsamer als das erster Art nach außen (Abb. 95 bis 98).

Zur Erklärung hat man auch das mehrfach reflektierte Licht zu berücksichtigen und dessen Drehung zu erfassen. Das Kreuz 2. Art stellt sich dann insofern als Sonderfall desjenigen 3. Art heraus, als es sich bei Reflexion unter dem *Brewster*-Winkel zeigt, d. h. dann, wenn reflektiertes und gebrochenes Lichtbündel aufeinander senkrecht stehen.

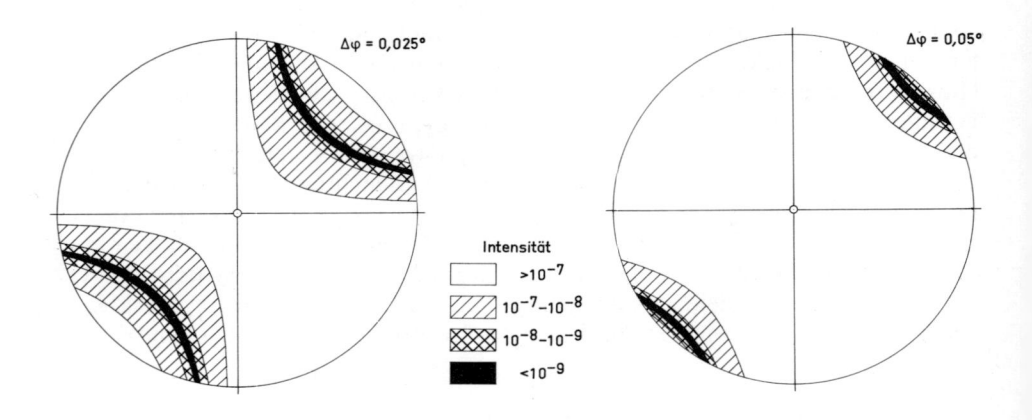

Abb. 93. Intensitätsverteilung im Gesichtsfeld des Mikroskops, wenn der Polarisator mit seiner zunächst vertikal zu denkenden Schwingungsrichtung im mathematisch positiven Sinn um 0,025° aus der Kreuzstellung herausgedreht wird.

Abb. 94. Intensitätsverteilung im Gesichtsfeld des Mikroskops, wenn der Polarisator mit seiner zunächst vertikal zu denkenden Schwingungsrichtung im mathematisch positiven Sinn um 0,05° aus der Kreuzstellung herausgedreht wird.

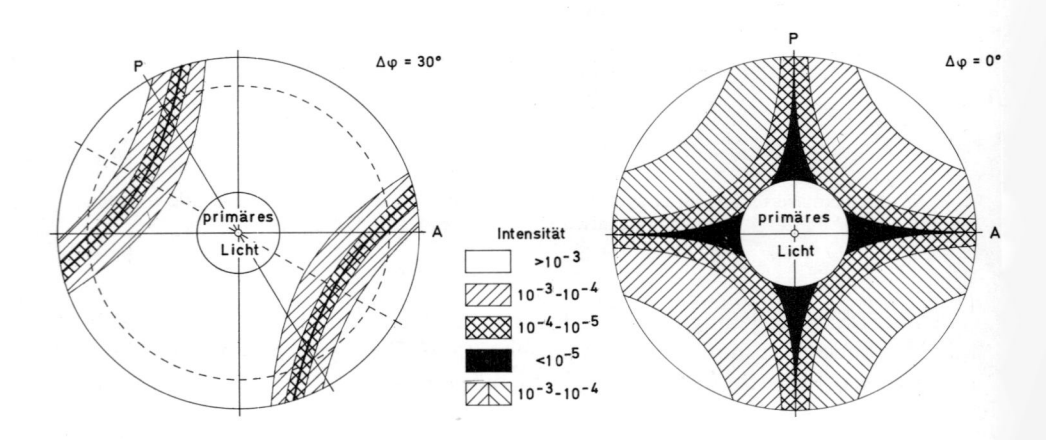

Abb. 95. Isotropes Kreuz 2. Art. Zu sehen ist nur sein zwischen Rand und gestricheltem Kreis liegender Teil. Die Darstellung wurde anderthalb mal so groß gezeichnet wie die drei vorhergehenden und die drei folgenden.

Abb. 96. Intensitätsverteilung im Gesichtsfeld bei exakter Kreuzstellung der Schwingungsrichtungen P des Polarisators und A des Analysators. (Isotropes Kreuz 3. Art.)

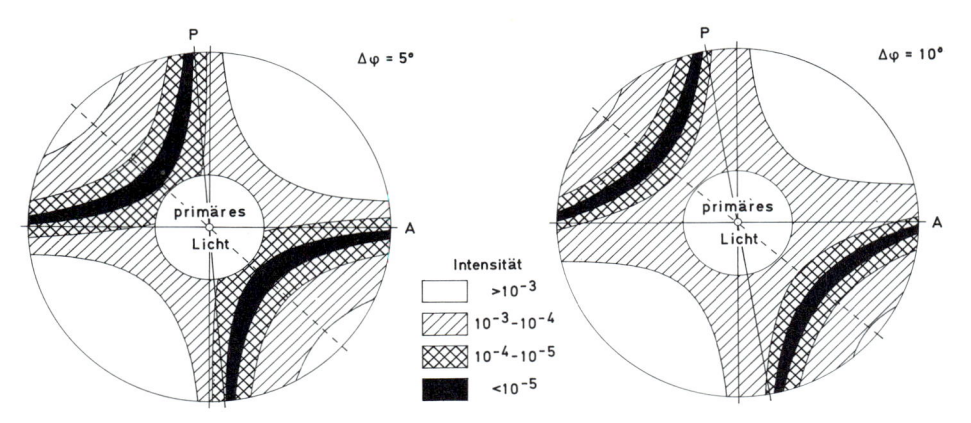

Abb. 97. Intensitätsverteilung im Gesichtsfeld, wenn der Polarisator um $\varphi = 5°$ im Gegenzeigersinn aus der Kreuzstellung herausgedreht wird.

Abb. 98. Intensitätsverteilung im Gesichtsfeld, wenn der Polarisator um $\varphi = 10°$ im Gegenzeigersinn aus der Kreuzstellung herausgedreht wird.

8.3.3. Verbesserte Berechnung der Achsenbilder

Eine nicht nur durch Einbeziehung der Konvergenz des einfallenden Lichts, sondern auch durch gleichzeitige Angabe sowohl des Isochromaten- als auch des Hauptisogyrenverlaufs verbesserte Berechnung der Achsenbilder erreicht man, wenn man (vgl. RATH und POHL [48]) die Intensität des Interferenzbildes als Funktion des Ortes darstellt und dazu senkrecht zur Achse des beleuchtenden Lichtkegels ein quadratisches Raster einführt. Abgesehen von der Bestimmung der Brechungszahlen, die mit Hilfe der Indexflächengleichung ((2.30) oder (2.31)) leicht vorgenommen werden kann, und der Bestimmung der Amplituden- (d. h. Schwingungs-)Richtungen, die schon aufgrund des Gleichungssystems (2.29) festliegen, sind zwei Schritte erforderlich, die Ermittlung der Fortpflanzungsrichtungen und der Amplitudenbeträge.

Zur Angabe der Fortpflanzungsrichtungen werde der entgegen der Normale des auf Abb. 99 im Querschnitt gezeigten Plättchens gerichtete Einheitsvektor $\vec{\vec{z}}_0$ eingeführt. Mit $\vec{s}_0$ und $\vec{s}_0''$ als Einheitsvektoren in Richtung der einfallenden und der gebrochenen Welle, α als Einfalls- sowie α'' als Brechungswinkel ergibt sich:

$$\vec{s}_0'' = a\vec{s}_0 + b\vec{\vec{z}}_0. \qquad (8.56)$$

Man erhält a, wenn man die skalaren Produkte:

$$\begin{aligned}(\vec{s}_0, \vec{\vec{z}}_0) &= -s_{0z}, \\ (\vec{s}_0'', \vec{\vec{z}}_0) &= -\cos\alpha'' = -as_{0z} + b \end{aligned} \qquad (8.57)$$

bildet, in die quadrierte Gl. (8.56) einsetzt:

$$\begin{aligned}\vec{s}_0''^2 = 1 &= a^2 + b^2 - 2abs_{0z} = a^2 + (as_{0z} - \cos\alpha'')(as_{0z} - \cos\alpha'' - 2as_{0z}) \\ &= a^2 - (a^2 s_{0z}^2 - \cos^2\alpha'')\end{aligned}$$

und n als Brechungsvermögen in der Richtung $\vec{s}_0$, n' als Brechungsvermögen in der Richtung $\vec{s}_0'$, das Brechungsgesetz und $\sin\alpha = \sqrt{1-s_{0z}^2}/1$ verwendet, zu:

$$1 - \cos^2\alpha'' = \sin^2\alpha'' = (n/n')\sin^2\alpha = a^2(1 - s_{0z}^2),$$
$$a = n/n'. \qquad (8.58)$$

Man findet b, wenn man (8.58) in (8.57) einsetzt, zu:

$$b = (n\,s_{0z} - n'\cos\alpha'')/n'.$$

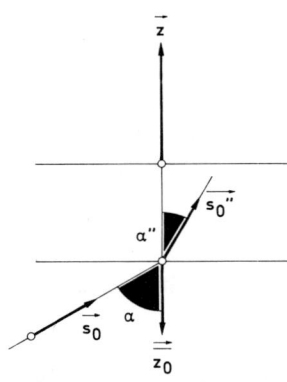

Abb. 99. Querschnitt durch das Kristallplättchen.

Zur Angabe der Amplitudenbeträge werden zunächst die an der Unterseite des Plättchens vorliegenden Verhältnisse betrachtet. Zwischen den Vektoren $\vec{D}_{10}$ und $\vec{D}_{20}$, die (als Einheitsvektoren) nur die Richtungen der Amplituden der beiden Wellen ergeben und den Vektoren $\vec{D}_1$ und $\vec{D}_2$, die auch den Beträgen nach mit den Amplituden übereinstimmen, vermitteln die Beziehungen:

$$\vec{D}_1 = a_1 \vec{D}_{10}, \qquad \vec{D}_2 = a_2 \vec{D}_{20}. \qquad (8.59)$$

Die $\vec{D}$ beziehen sich auf das Hauptachsensystem der Indexfläche. Zwischen ihm und dem Hauptachsensystem des Kristalls besteht der Zusammenhang:

$$(\varepsilon') = A\varepsilon_D A^{-1}, \qquad \varepsilon_D = \begin{pmatrix} n_X^2 & 0 & 0 \\ 0 & n_Y^2 & 0 \\ 0 & 0 & n_Z^2 \end{pmatrix}. \qquad (8.60)$$

Die auf das Hauptachsensystem des Kristalls bezogenen $\vec{D}$ heißen $\vec{D}'$. $\vec{D}'$ ist mit $\vec{E}'$ (vgl. (2.6)) durch:

$$\vec{D}_i' = \varepsilon_0(\varepsilon')\vec{E}_i' \qquad (8.61)$$

und mit $\vec{H}'$ (vgl. (2.3), (2.24), (2.17)) durch:

$$\vec{H}_i' = \frac{c}{n_i}[\vec{s}_i', \vec{D}_i'] \qquad (8.62)$$

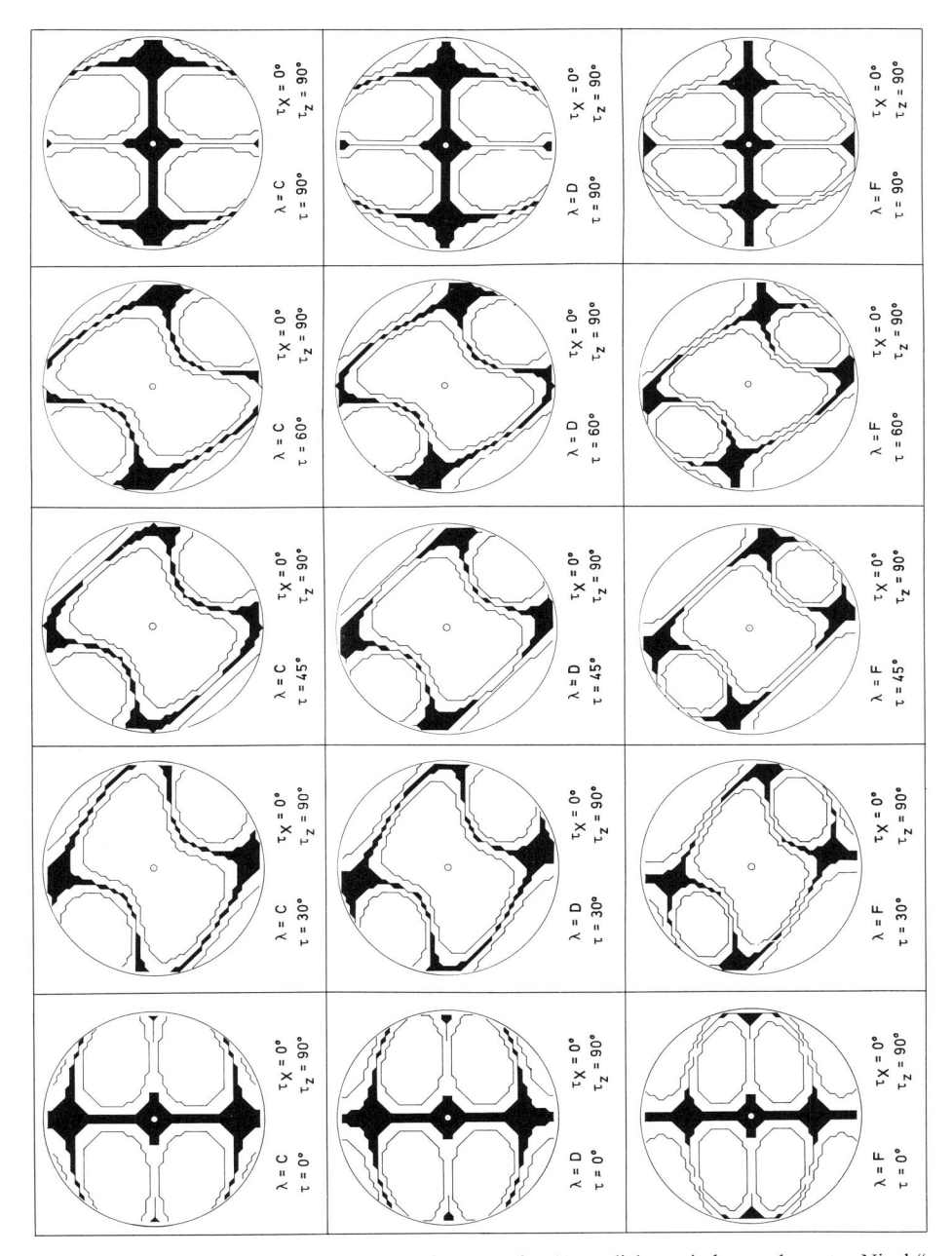

8.3.3. Verbesserte Berechnung der Achsenbilder 115

Abb. 100. Intensitätsverteilung im Gesichtsfeld, wenn eine 30 μm dicke, zwischen „gekreuzten Nicols" befindliche Platte aus einem optisch zweiachsigen Kristall der Orientierung $\tau_X = 0°$, $\tau_z = 90°$, $\tau = 0°$, 30°, 45°, 60°, 90° und der optischen Eigenschaften $n_X = 1,5$, $n_Z = 1,6$, $2V_Z = 30°$ mit konvergentem Licht der Wellenlängen $\lambda = C, D, F$ und des halben Öffnungswinkels 45° beleuchtet wird. $\tau_z = 90°$ heißt senkrecht zur spitzen Bisektrix, $\tau = 0°$ bis 90° bedeutet eine Vierteldrehung des Objekttisches. Im schwarz ausgefüllten Bereich beträgt die Intensität weniger als oder gerade 1% der ursprünglichen, zwischen den dünn ausgezogenen Kurven weniger als oder gerade 10%.

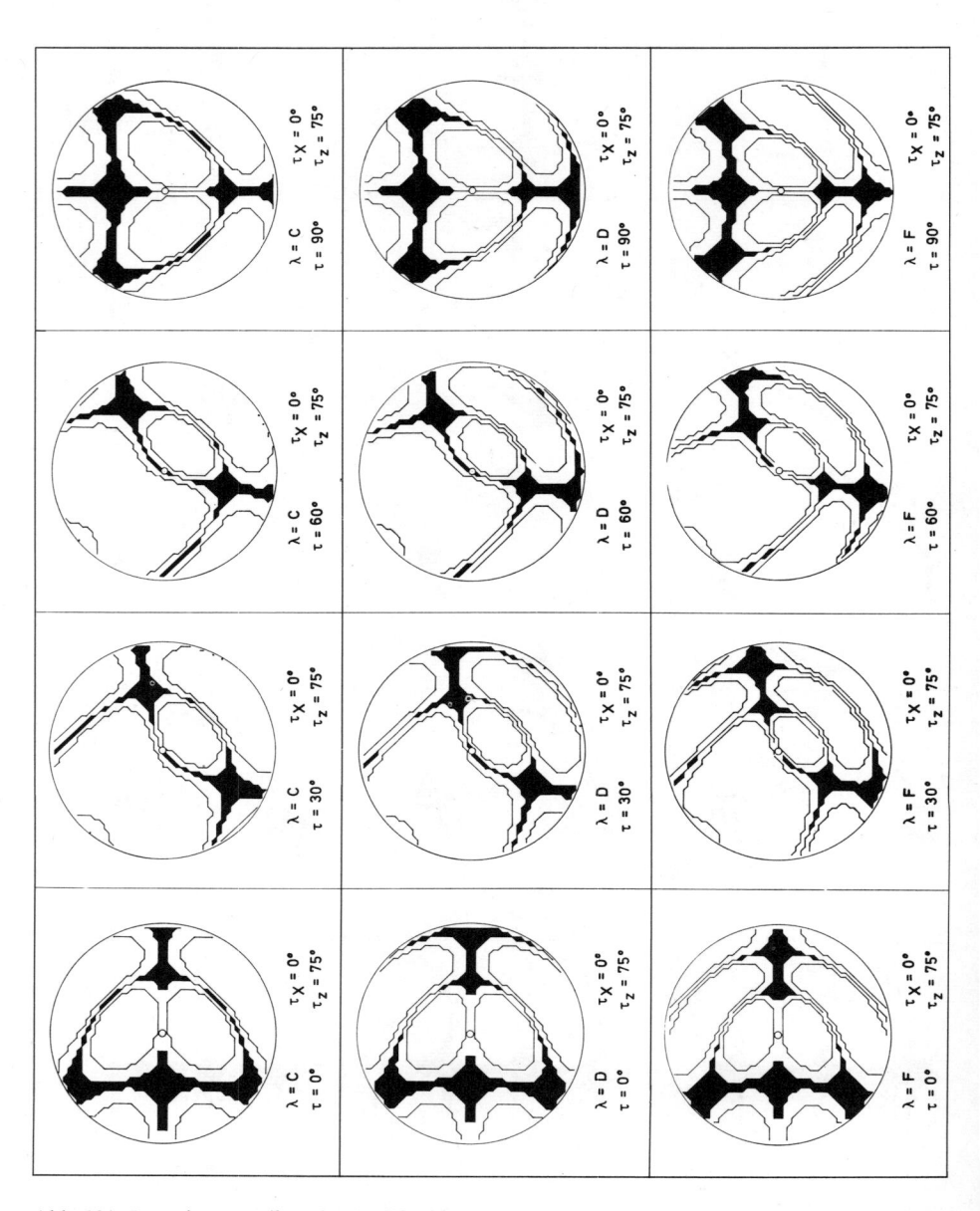

Abb. 101. Intensitätsverteilung im Gesichtsfeld, wenn eine 30 μm dicke, zwischen „gekreuzten Nicols" befindliche Platte aus einem optisch zweiachsigen Kristall der Orientierung $\tau_X = 0°$, $\tau_Z = 75°$, $\tau = 0°$, 30°, 60°, 90° und der optischen Eigenschaften $n_X = 1{,}5$, $n_Z = 1{,}6$, $2V_Z = 30°$ mit konvergentem Licht der Wellenlänge $\lambda = C, D, F$ und des halben Öffnungswinkels 45° beleuchtet wird. $\tau_Z = 75°$ heißt unter einem Winkel von 15° zur spitzen Bisektrix, $\tau = 0°$ bis 90° bedeutet eine Vierteldrehung des Objekttisches. Im schwarz ausgefüllten Bereich beträgt die Intensität weniger als oder gerade 1% der ursprünglichen, zwischen den dünn ausgezogenen Kurven weniger als oder gerade 10%.

8.3.3. Verbesserte Berechnung der Achsenbilder

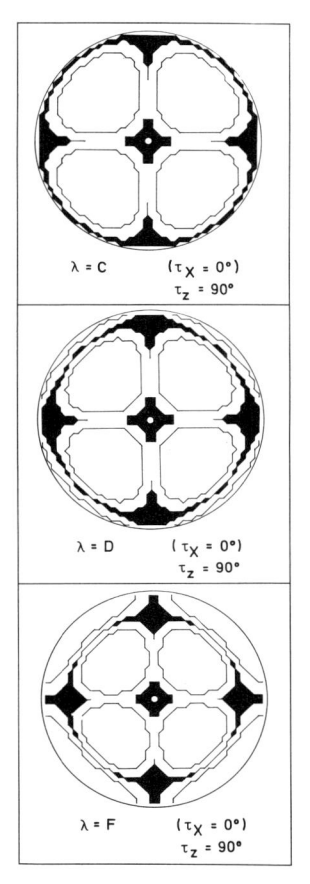

Abb. 102. Örtliche Intensität des Gesichtsfeldes, wenn ein optisch einachsiges (durch $n_E = 1{,}6$ und $n_0 = 1{,}5$ gekennzeichnetes), 30 μm dickes Kristallplättchen aus einem 45° großen Kegel mit C-, D- oder F-Licht beleuchtet wird. Die Größe des Winkels τ ist im Falle optischer Einachsigkeit ohne Belang, die zur Rechnung benutzte daher eingeklammert worden. $\tau_z = 90°$ gilt für einen Schnitt senkrecht zur optischen Achse. Bereiche mit einer Intensität $\leq 1\%$ der ursprünglichen sind schwarz eingetragen, solche mit einer Intensität $\leq 10\%$ der eingestrahlten zwischen dünne Linien gesetzt worden.

verknüpft (mit $i = 0; 1, 2; 3$, je nachdem, ob die einfallende Welle, eine der beiden gebrochenen Wellen oder die reflektierte Welle gemeint ist). Durch Einsetzen von (8.59) bis (8.62) in die Stetigkeitsbeziehungen (vgl. (8.43) und (8.44)):

$$E'_{0x'} = E'_{1x'} + E'_{2x'} + E'_{3x'},$$
$$E'_{0x'} = E'_{1y'} + E'_{2y'} + E'_{3y'},$$
$$H'_{0x'} = H'_{1x'} + H'_{2x'} + H'_{3x'},$$
$$H'_{0y'} = H'_{1y'} + H'_{2y'} + H'_{3y'},$$

erhält man:

$$\left.\begin{aligned}
E'_{0x'} &= \frac{1}{\varepsilon_0}\left\{a_1(A\varepsilon_D^{-1}\vec{D}_{10})_{x'} + a_2(A\varepsilon_D^{-1}\vec{D}_{20})_{x'} + \frac{1}{n_0^2}D_{3x'}\right\}, \\
E'_{0y'} &= \frac{1}{\varepsilon_0}\left\{a_1(A\varepsilon_D^{-1}\vec{D}_{10})_{y'} + a_2(A\varepsilon_D^{-1}\vec{D}_{20})_{y'} + \frac{1}{n_0^2}D_{3y'}\right\}, \\
\frac{1}{n_0}[\vec{s}'_0, \vec{D}'_0]_{x'} &= a_1\frac{1}{n_1}[\vec{s}'_1, A\vec{D}_{10}]_{x'} + a_2\frac{1}{n_2}[\vec{s}'_2, A\vec{D}_{20}]_{x'} + \frac{1}{n_0}[\vec{s}'_3, D'_3]_{x'}, \\
\frac{1}{n_0}[\vec{s}'_0, \vec{D}'_0]_{y'} &= a_1\frac{1}{n_1}[\vec{s}'_1, A\vec{D}_{10}]_{y'} + a_2\frac{1}{n_2}[\vec{s}'_2, A\vec{D}_{20}]_{y'} + \frac{1}{n_0}[\vec{s}'_3, D'_3]_{y'},
\end{aligned}\right\} \quad (8.63)$$

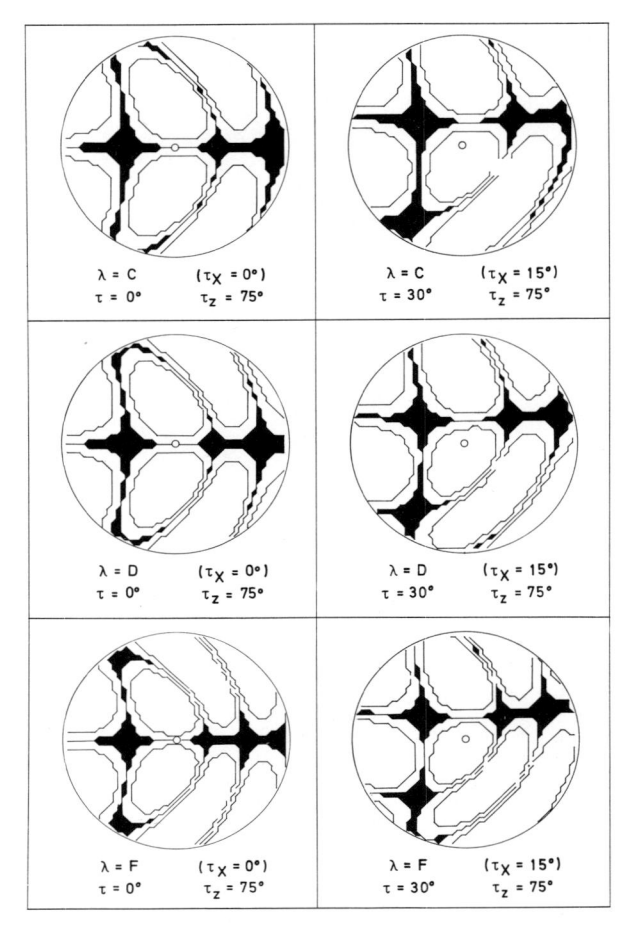

Abb. 103. Örtliche Intensität des Gesichtsfeldes, wenn ein optisch einachsiges (durch $n_E = 1{,}6$ und $n_0 = 1{,}5$ gekennzeichnetes), 30 μm dickes Kristallplättchen aus einem 45° großen Kegel mit C-, D- oder F-Licht beleuchtet wird. Die Größe des Winkels τ_X ist im Falle optischer Einachsigkeit ohne Belang, die zur Rechnung benutzte daher eingeklammert worden. $\tau_z = 75°$ gilt für einen Schnitt, der 15° gegen die optische Achse geneigt ist. τ nennt den Winkel, um den das Präparat mit dem Objekttisch gedreht wurde. Bereiche mit einer Intensität $\leq 1\%$ der ursprünglichen sind schwarz eingetragen, solche mit einer Intensität $\leq 10\%$ der eingestrahlten zwischen dünne Linien gesetzt worden.

Mit (8.63) und:
$$(\vec{s}_3', \vec{D}_3') = 0$$

stehen fünf Gleichungen zur Verfügung, um die fünf Unbekannten a_1, a_2, $D_{3x'}', D_{3y'}', D_{3z'}'$ und damit $\vec{D}_1', \vec{D}_2', \vec{D}_3'$ zu berechnen.

Nunmehr geht man zur Oberseite des Plättchens über, indem man die gebrochenen Wellen mit $\vec{D}_1', \vec{s}_1$ und $\vec{D}_2', \vec{s}_2$ als einfallende nimmt und die zugehörigen reflektierten nach bekannten Beziehungen ausrechnet. Die Abb. 100 bis 103 zeigen Beispiele auf diese Weise erhaltener Intensitätsverteilungen. Das Verfahren läßt sich übrigens durch geringe Änderungen z.B. auf magnetische Kristalle übertragen (s. RATH und POHL [49]).

9. Mikroskopische Bestimmung des Charakters der Doppelbrechung

Das Prinzip der Bestimmung des Charakters der Doppelbrechung besteht darin, den Gangunterschied des Untersuchungsobjekts durch Addition oder Subtraktion des Gangunterschieds eines Hilfspräparats so zu verändern, daß eine als Kriterium geeignete Interferenzfarbe entsteht.

Da das Kriterium allgemeingültig sein soll, muß es dort hervorgebracht werden, wo der Gangunterschied des Untersuchungsobjekts weitgehend dicken- und doppelbrechungsunabhängig ist, d.h. in der Nähe des Achsenausstichs. Die Doppelbrechung ist dort aber sehr gering. Es muß sich also die Interferenzfarbe des Hilfspräparats bereits durch kleine additive oder subtraktive Ergänzungen (Erhöhungen oder Erniedrigungen) des Gangunterschieds merklich verändern. Da diese merkliche Veränderung von der „teinte sensible" aus am deutlichsten ist, wählt man als Hilfspräparat ein Plättchen, dessen Gangunterschied 551 nm beträgt. Man kann es z. B. aus Gips herstellen. Dieses Material bietet den Vorteil, $\parallel \{010\}$, der Ebene seiner optischen Achsen, vollkommen spaltbar zu sein. Seine Hauptdoppelbrechung $n_Z - n_X$ ($n_X = 1{,}5205$, $n_Y = 1{,}5226$, $n_Z = 1{,}5296$) ist gleich $+0{,}0091$ (und damit gleich der $n_E - n_O$ von Quarz). Die Dicke des Hilfspräparats ergibt sich aus $0{,}551$ nm/$0{,}0091$ zu $60{,}6$ µm, dem Doppelten der üblichen Dünnschliffstärke.

Das Plättchen wird so in die Fassung gesetzt, daß die (auch $\vec{c}$ oder $\vec{\gamma}$ genannte) Richtung von n_Z in der Plättchenebene auf der Einschiebrichtung senkrecht steht, also die Richtung mit der kleinsten Hauptbrechungszahl n_X, damit der größten

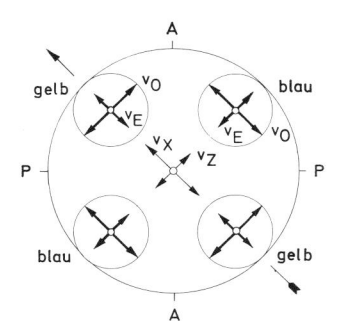

Abb. 104. Verhältnisse bei optisch einachsig positivem Untersuchungsobjekt. Das in die Mitte gesetzte Pfeilkreuz bezieht sich auf das Hilfspräparat. Die anderen Pfeilkreuze gelten für verschiedene Orte des zu untersuchenden Kristallplättchens.

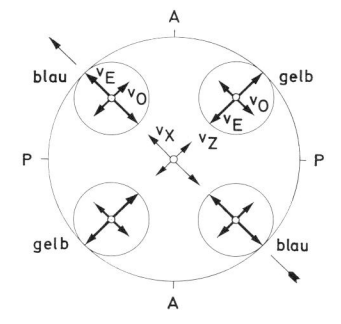

Abb. 105. Verhältnisse bei optisch einachsig negativem Untersuchungsobjekt. Das in die Mitte gesetzte Pfeilkreuz bezieht sich auf das Hilfspräparat. Die anderen Pfeilkreuze gelten für verschiedene Orte des zu untersuchenden Kristallplättchens.

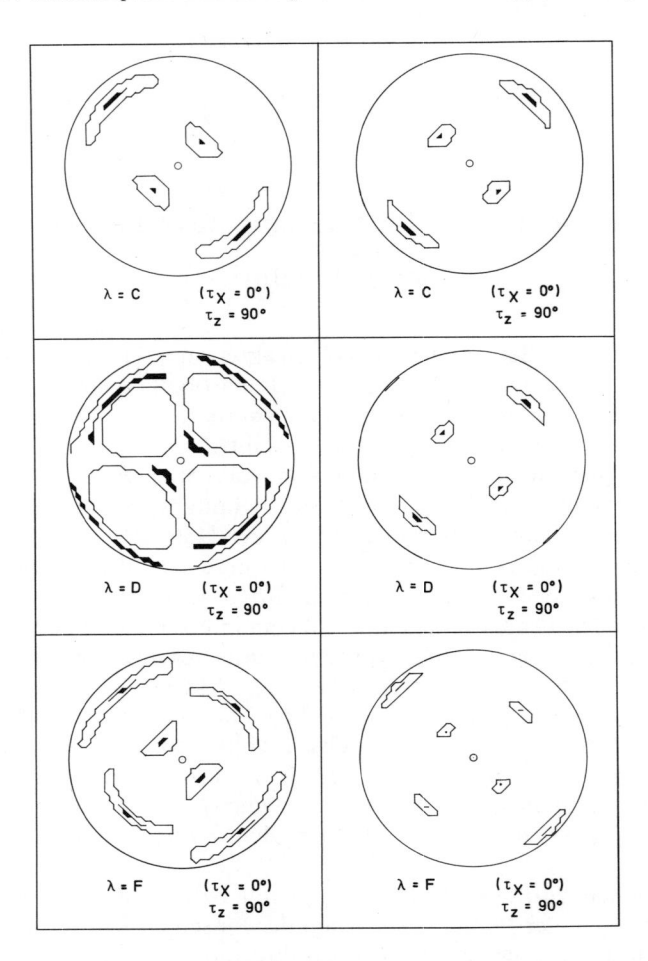

9. Mikroskopische Bestimmung des Charakters der Doppelbrechung

Abb. 106. Intensitätsverteilung im Gesichtsfeld bei optisch einachsig positivem, senkrecht zur optischen Achse geschliffenem Kristall und Verwendung eines λ-(Gips)-Plättchens (linke Spalte) oder eines $\lambda/4$-(Glimmer-)Plättchens. In den schwarz ausgefüllten Bereichen ist die Intensität $\leq 1\%$, in den dünn umrandeten $\leq 10\%$ der ursprünglichen. Dort, wo das Licht einer Wellenlänge ausgelöscht wird, setzt sich das der anderen Wellenlängen zur Komplementärfarbe des ausgelöschten zusammen. Fallen (wie beim Glimmer) die Auslöschungsbereiche mehrerer Wellenlängen örtlich zusammen, entstehen statt farbiger Stellen dunkle. Bezüglich der Veränderung des Achsenbildes vgl. auch Abb. 102.

Geschwindigkeit v_X in die Einschiebrichtung weist. Diese verläuft aus Handlichkeitsgründen von rechts und aus Intensitätserwägungen diagonal.

Zwei Fälle sind denkbar und auf den Abb. 104 und 105 unter Voraussetzung eines optisch einachsigen, senkrecht zur optischen Achse geschliffenen Kristalls schematisch dargestellt worden. Da die außerordentliche Welle stets im (d.h. parallel zum), die ordentliche Welle dagegen senkrecht zum Hauptschnitt schwingt, fällt in jedem Fall v_E (Objekt) im I. und III. Quadranten mit v_Z (Rot I) und im II. und IV. Quadranten mit v_X (Rot I) zusammen.

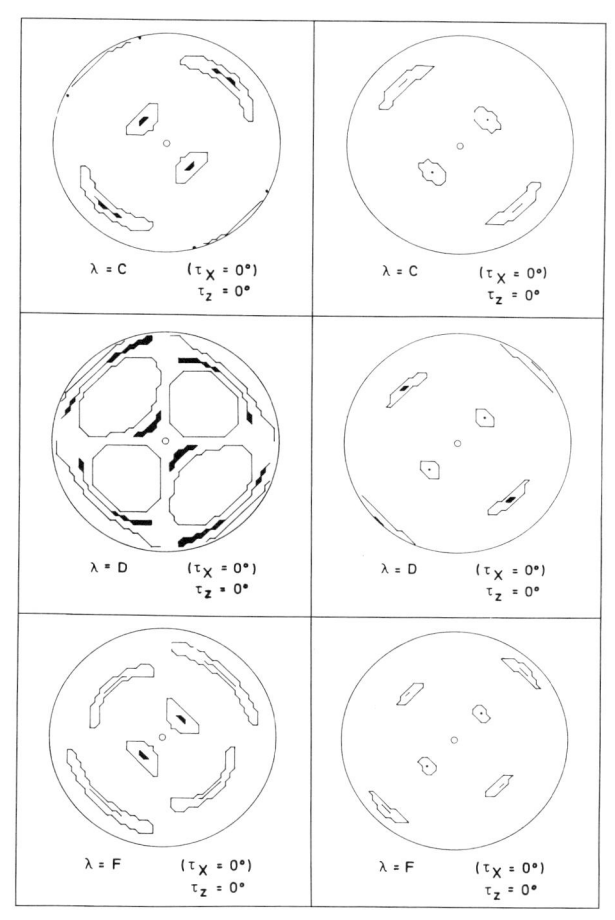

9. Mikroskopische Bestimmung des Charakters der Doppelbrechung 121

Abb. 107. Intensitätsverteilung im Gesichtsfeld bei optisch einachsig negativem, senkrecht zur optischen Achse geschliffenem Kristall und Verwendung eines λ-(Gips-)Plättchens (linke Spalte) oder eines $\lambda/4$-(Glimmer-)Plättchens. In den schwarz ausgefüllten Bereichen ist die Intensität $\leq 1\%$, in den dünn umrandeten $\leq 10\%$ der ursprünglichen. Dort, wo das Licht einer Wellenlänge ausgelöscht wird, setzt sich das der anderen Wellenlängen zur Komplementärfarbe des ausgelöschten zusammen. Fallen (wie beim Glimmer) die Auslöschungsbereiche mehrerer Wellenlängen örtlich zusammen, entstehen statt farbiger Stellen dunkle. Bezüglich der Veränderung des Achsenbildes vgl. auch Abb. 102.

Hat das zu untersuchende Präparat positiven Charakter der Doppelbrechung, so ist $n_E > n_0$, damit v_E die kleinste Geschwindigkeit. Im I. und III. Quadranten wird die zurückgebliebene Welle (mit v_E) durch das Plättchen noch weiter zurückgesetzt, die vorauseilende (mit v_0) noch mehr befördert, damit der Gangunterschied zwischen beiden vergrößert. Die Addition der Gangunterschiede liefert statt des Rot der I. Ordnung das Blau der II. Ordnung. Im II. und IV. Quadranten wird die zurückgebliebene Welle (mit v_E) durch das Plättchen befördert, die voraneilende (mit v_0) dagegen zurückgesetzt, der Gangunterschied zwischen beiden also verringert. Die Subtraktion der Gangunterschiede ergibt statt des Rot der I. das Gelb der I. Ordnung (s. hierzu Abb. 104).

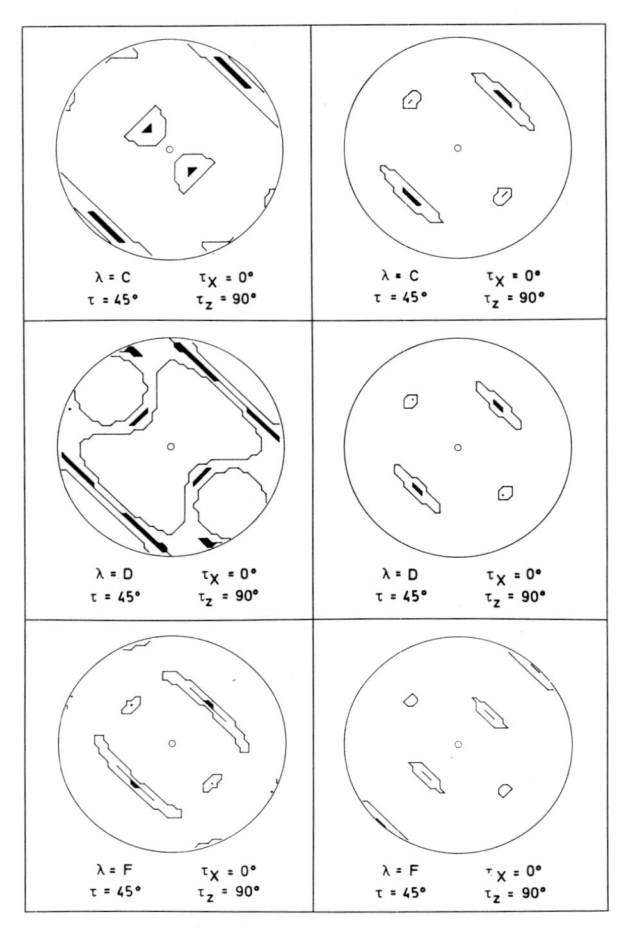

Abb. 108. Intensitätsverteilung im Gesichtsfeld bei optisch zweiachsig positivem, senkrecht zur spitzen Bisektrix geschliffenem Kristall und Verwendung eines λ-(Gips-)Plättchens (linke Spalte) oder eines $\lambda/4$-(Glimmer-)Plättchens. In den schwarz ausgefüllten Bereichen ist die Intensität $\leq 1\%$, in den dünn umrandeten $\leq 10\%$ der ursprünglichen. Dort, wo das Licht einer Wellenlänge ausgelöscht wird, setzt sich das der anderen Wellenlängen zur Komplementärfarbe des ausgelöschten zusammen. Fallen (wie beim Glimmer) die Auslöschungsbereiche mehrerer Wellenlängen örtlich zusammen, entstehen statt farbiger Stellen dunkle. Bezüglich der Veränderung des Achsenbildes vgl. auch Abb. 100, mittlere Spalte.

Hat das zu untersuchende Präparat negativen Charakter der Doppelbrechung, so ist $n_E < n_0$, damit v_E die größte Geschwindigkeit. Im I. und III. Quadranten wird die voraneilende Welle (mit v_E) durch das Plättchen zurückgesetzt, die zurückgebliebene (mit v_0) dagegen befördert, der Gangunterschied zwischen beiden also verringert. Die Subtraktion der Gangunterschiede ergibt statt des Rot der I. das Gelb der I. Ordnung. Im II. und IV. Quadranten wird die voraneilende Welle (mit v_E) durch das Plättchen noch mehr befördert, die zurückgebliebene dagegen noch weiter zurückgesetzt, damit der Gangunterschied zwischen beiden vergrößert. Die Addition der Gangunterschiede liefert statt des Rot der I. das Blau der II. Ordnung (s. hierzu Abb. 105).

9. Mikroskopische Bestimmung des Charakters der Doppelbrechung   123

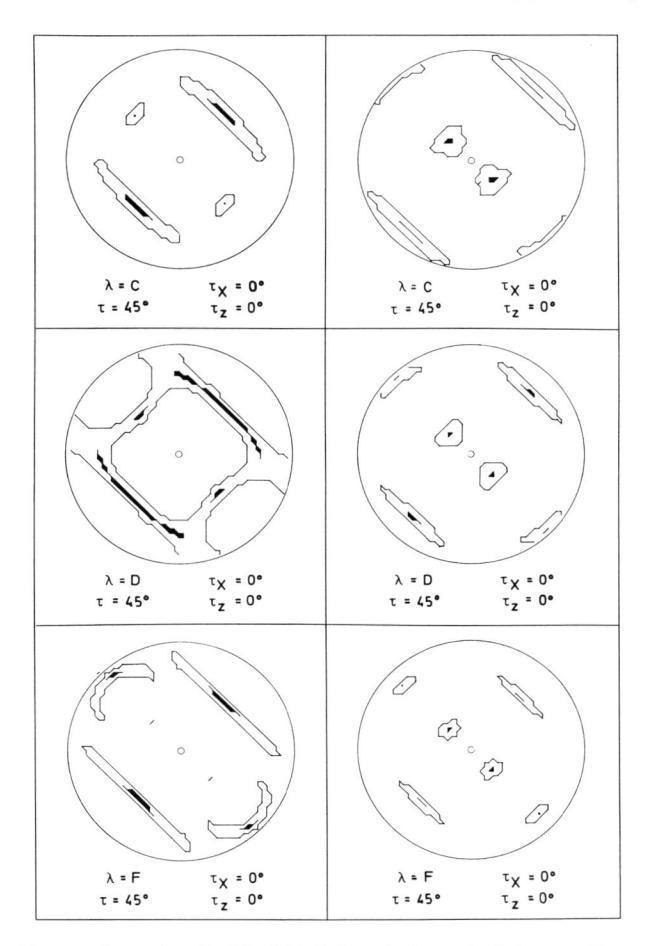

| $\lambda = C$ | $\tau_X = 0°$ |
| $\tau = 45°$ | $\tau_Z = 0°$ |

| $\lambda = C$ | $\tau_X = 0°$ |
| $\tau = 45°$ | $\tau_Z = 0°$ |

| $\lambda = D$ | $\tau_X = 0°$ |
| $\tau = 45°$ | $\tau_Z = 0°$ |

| $\lambda = D$ | $\tau_X = 0°$ |
| $\tau = 45°$ | $\tau_Z = 0°$ |

| $\lambda = F$ | $\tau_X = 0°$ |
| $\tau = 45°$ | $\tau_Z = 0°$ |

| $\lambda = F$ | $\tau_X = 0°$ |
| $\tau = 45°$ | $\tau_Z = 0°$ |

Abb. 109. Intensitätsverteilung im Gesichtsfeld bei optisch zweiachsig negativem, senkrecht zur spitzen Bisektrix geschliffenem Kristall und Verwendung eines λ-(Gips-)Plättchens (linke Spalte) oder eines $\lambda/4$-(Glimmer-)Plättchens. In den schwarz ausgefüllten Bereichen ist die Intensität $\leq 1\%$, in den dünn umrandeten $\leq 10\%$ der ursprünglichen. Dort, wo das Licht einer Wellenlänge ausgelöscht wird, setzt sich das der anderen Wellenlängen zur Komplementärfarbe des ausgelöschten zusammen. Fallen (wie beim Glimmer) die Auslöschungsbereiche mehrerer Wellenlängen örtlich zusammen, entstehen statt farbiger Stellen dunkle. Bezüglich der Veränderung des Achsenbildes vgl. auch Abb. 100, mittlere Spalte.

Bei positivem Charakter der Doppelbrechung bildet die Verbindungsgerade der im Vergleich zum Gelb auffälligeren blauen Flecke mit der Einschiebrichtung ein Plus-Zeichen, bei negativem Charakter der Doppelbrechung markiert die Verbindungsgerade auf der Einschiebrichtung ein Minus-Zeichen. Diese Merkregel kann als Begründung der Orientierung des Gipsplättchens angesehen werden.

In gleicher Weise läßt sich der Effekt im Falle eines senkrecht zur spitzen Bisektrix geschliffenen Zweiachsers ableiten. Liegt die Schnittspur der optischen Achsenebene in der Einschiebrichtung, so ist im Falle positiven Charakters der Doppelbrechung n_Z spitze Bisektrix, erscheinen also an den konvexen Hyperbelseiten blaue und an den konkaven Hyperbelseiten gelbe Interferenzfelder, ist im Falle negativen Charakters der Doppelbrechung n_X spitze Bisektrix, erscheinen also an den konvexen Hyperbelseiten gelbe und an den konkaven Hyperbelseiten blaue Interferenzfelder. Man kann sich dies leicht vorstellen, indem man den spitzen Winkel der optischen Achsen gleich 0° und gleich 90° werden läßt. Dann erhält man $(+\varDelta)$ Einachser mit $(n_Z=)n_Y=n_0$ und $n_X=n_E$, also $n_E-n_0 = -\varDelta$ (Blau an den der spitzen Bisektrix zugewandten Seiten) bzw. $(n_X=)n_Y=n_0$ und $n_Z=n_E$, also $n_E-n_0= +\varDelta$ (Gelb an den der stumpfen Bisektrix zugewandten Seiten), und bei $-\varDelta$ das Umgekehrte.

Zur Darstellung dieses Effekts als örtliche Intensitätsverteilung s. RATH und POHL [50] sowie die folgenden Abb. 106 bis 109. Zuweilen findet statt des λ-(Gips-)Plättchens ein $\lambda/4$-(Glimmer-)Plättchen Verwendung. Dann entstehen statt der blauen und gelben Flecke schwarze. Ihre Lage geht aus den jeweils rechten Teilen der Abbildungen hervor.

10. Einfluß der Absorption

Neben der – bisher ausschließlich berücksichtigten – Änderung von Normalenrichtung und Geschwindigkeit der Wellen ist noch die Verringerung ihrer Amplituden von Bedeutung. Sie wird gemeinhin als Absorption bezeichnet und hängt sowohl von der Orientierung des Kristalls, der Schwingungsrichtung und der Wellenlänge des Lichts als auch der Dicke des untersuchten Präparats ab. Sie kann einen Teil der Wellenlängen des sichtbaren Spektralbereichs erheblich schwächen und dann die Pleochroismus genannte Farberscheinung verursachen oder aber die Gesamtheit der Wellenlängen des sichtbaren Spektrums praktisch sperren und so Undurchsichtigkeit hervorrufen. Im ersten Fall handelt es sich um ein Phänomen der Durchlichtoptik, im zweiten Fall dagegen bereits um eine Erscheinung der Auflichtoptik. Der Einfluß der Absorption soll dennoch ohne Beschränkung auf schwache Absorber erörtert werden.

10.1. Indexfläche bei Absorption

Wie bei fehlender, so läßt sich auch bei vorhandener Absorption eine Indexfläche angeben und damit zur Richtungsabhängigkeit der Erscheinung Stellung nehmen. Die Ableitung verläuft weitgehend analog der in Abschn. 2 gebrachten, soll deshalb nur skizziert werden.

10.1.1. Polarisation der Materie

Wirkt ein elektrisches Feld auf Materie ein, so regt es die Elektronen zu erzwungenen (d.h. gleichfrequenten) Schwingungen an. Es bilden sich Dipole heraus, die Materie wird polarisiert. Falls die Schwingungen gedämpft sind, geht Energie auf den Kristall über, d.h. er absorbiert. Zwischen der dielektrischen Verschiebung $\vec{D}$, der elektrischen Feldstärke $\vec{E}$ und der Polarisation $\vec{P}$ (dem elektrischen Dipolmoment der Volumeneinheit) besteht der Zusammenhang:

$$\vec{D} = \varepsilon_0 \vec{E} + \vec{P}. \tag{10.1}$$

Für $\vec{D}, \vec{E}$ und $\vec{P}$ ist der übliche zeitperiodische Ansatz zu verwenden (s. auch (2.15)). Da $\vec{E}$ und $\vec{P}$ bei Absorption gegeneinander phasenverschoben sind, muß man, wenn $\vec{E}$ reell gewählt werden soll, die Amplituden von $\vec{D}$ und $\vec{P}$ als komplex annehmen. Dann folgt aus der Materialgleichung (2.6):

$$\vec{D} = \varepsilon_0(\varepsilon) \vec{E}, \tag{10.2}$$

daß auch (ε) komplex sein muß. (Ein komplexer Vektor hat die Form $(a_x+ib_x, a_y+ib_y, a_z+ib_z)$.)

10.1.2. Gedämpfte ebene Wellen

Eine monochromatische, gedämpfte, ebene Welle läßt sich nach Einführung eines komplexen Wellenvektors $\vec{k}$ (dessen Analogon im Falle fehlender Absorption (2.17) ist) durch den Ausdruck:

$$\vec{A}\, e^{i\{(\vec{k},\vec{r})-\omega t\}} \tag{10.3}$$

beschreiben. Zerlegt man den Vektor $\vec{k}$ in seinen Real- und seinen Imaginärteil (wobei $\vec{k}_r$ und $\vec{k}_i$ reelle Vektoren sind), setzt also:

$$\vec{k}=\vec{k}_r+i\vec{k}_i,$$

so wird aus (10.3):

$$\vec{A}\, e^{-(\vec{k}_i,\vec{r})}\, e^{i\{(\vec{k}_r,\vec{r})-\omega t\}}. \tag{10.4}$$

Die Ebenen gleicher Phase sind dann durch

$$(\vec{k}_r,\vec{r})=\text{konst.} \tag{10.5}$$

gegeben, während die Ebenen konstanter Amplitude der Gleichung:

$$(\vec{k}_i,\vec{r})=\text{konst.} \tag{10.6}$$

genügen. Der Faktor $e^{-i(\vec{k}_i,\vec{r})}$ von (10.4) beschreibt die Dämpfung der Welle. Sind die Ebenen (10.5) und (10.6) nicht einander parallel, so spricht man von einer inhomogenen Welle. Die Amplitude einer solchen Welle ist innerhalb einer Ebene gleicher Phase nicht konstant. Man bezeichnet dies als Schrägdämpfung der Welle.

10.1.3. Lösung der Maxwellschen Gleichungen durch ebene Wellen

Ein absorbierender Kristall (der weder Leitungsvermögen noch Magnetismus zeigt) ist durch die Materialgleichung (10.2) sowie (vgl. (2.5)):

$$\vec{B}=\mu_0\vec{H} \tag{10.7}$$

gekennzeichnet. Weiterhin gelten die *Maxwell*schen Gleichungen (2.1) und (2.3). Mit dem Ansatz (10.3) für $\vec{B}$, $\vec{D}$, $\vec{E}$ und $\vec{H}$ nehmen (2.1) und (2.3) die Formen:

$$\omega\vec{B}=[\vec{k},\vec{E}], \tag{10.8}$$

$$-\omega\vec{D}=[\vec{k},\vec{H}] \tag{10.9}$$

an. $\vec{B}$ (Gl. (10.8)) ist komplex, da $\vec{k}$ komplex eingeführt und $\vec{E}$ reell gewählt wurde.

10.1.4. Komplexe Indexfläche

Einsetzen von (10.7) in (10.8) und von (10.8) in (10.9) liefert:

$$-\omega^2 \mu_0 \vec{D} = [\vec{k}, [\vec{k}, \vec{E}]] \tag{10.10}$$

und damit wegen des komplexen Zusammenhangs (10.2) die nachträgliche Begründung für die Einführung eines komplexen Wellenvektors. (10.8) zeigt, daß $\vec{B}$ und $\vec{E}$, (10.7), daß $\vec{H}$ und $\vec{E}$ verschiedene Phasen haben. Mit (10.2) und (2.11) wird aus (10.10):

$$-(\omega^2/c^2)\vec{D} = [\vec{k}, [\vec{k}, (\varepsilon)^{-1} \vec{D}]]. \tag{10.11}$$

(10.11) repräsentiert ein homogenes komplexes lineares Gleichungssystem für die drei komplexen Komponenten von $\vec{D}$. Wie im Reellen (Abschn. 2) ergibt sich als Bedingung für die Existenz nichttrivialer Lösungen, daß die komplexe Determinante verschwinden muß. Demnach führt:

$$\det = 0$$

zur Indexflächengleichung (s. hierzu OCHS [51]).

10.1.5. Brechungsgesetz bei Absorption

Trifft eine ebene (elektromagnetische) Welle auf die ebene Grenzfläche $z = 0$ zweier Medien, so ist die Tangentialkomponente der elektrischen Feldstärke $\vec{E}$ stetig (vgl. (8.43)). Im Falle des Übergangs aus einem optisch isotropen in ein anisotropes Medium gilt (mit 0 als Index der einfallenden Welle, 1 und 2 als Indizes der gebrochenen Wellen und 3 als Index der reflektierten Welle:

$$E_{0t} e^{i(k_{0x}x + k_{0y}y)} = E_{1t} e^{i(k_{1x}x + k_{1y}y)} + E_{2t} e^{i(k_{2x}x + k_{2y}y)} + E_{3t} e^{i(k_{3x}x + k_{3y}y)}$$

Diese Gleichung kann nur dann für alle x gelten, wenn:

$$k_{0x} = k_{1x} = k_{2x} = k_{3x} \tag{10.12}$$

und entsprechend im Falle der y-Komponenten:

$$k_{0y} = k_{1y} = k_{2y} = k_{3y} \tag{10.13}$$

ist, d.h., die Projektionen der $\vec{k}$-Vektoren auf die Grenzfläche gleich groß sind. (10.12) und (10.13) stellen verallgemeinerte Formen des Brechungs- und des Reflexionsgesetzes dar und gehen mit reellem k in diese Gesetze über. Setzt man (10.12) und (10.13) in die Indexflächengleichung ein, so ergeben sich Lösungen für k_{1z} und k_{2z}. Die Amplituden der gebrochenen und reflektierten Wellen erhält man durch Berücksichtigung der Stetigkeit der Tangentialkomponenten auch von $\vec{H}$ (vgl. Abschn. 8.3.1).

10.1.6. Folgerungen

Da sich bei reell gewähltem $\vec{D}$-Vektor der einfallenden Welle i. allg. komplexe $\vec{D}$-Vektoren der gebrochenen Wellen und der reflektierten Welle ergeben, sind diese Wellen elliptisch polarisiert, wenn die einfallende Welle linear polarisiert ist. Im allgemeinen haben die beiden gebrochenen Wellen verschieden große Imaginärteile des $\vec{k}$-Vektors. Dies ist nach (10.4) gleichbedeutend mit verschieden starker Absorption der Wellen. Im besonderen kann eine der gebrochenen Wellen praktisch völlig absorbiert werden, während die andere linear polarisiert austritt. Dieser Fall liegt bei den Polarisationsfiltern vor. Die Wellenlängenabhängigkeit der Absorption schafft den im linear polarisierten Licht (also ohne Analysator) bei Objekttischdrehung feststellbaren Farbwandel, den sog. Pleochroismus, der bei Einachsern, da er dort nur zwischen zwei Extremen variiert, auch als Dichroismus bezeichnet wird.

10.2. Dicke und Absorption

Die Dämpfung der Wellen nimmt mit der Stärke der durchlaufenen Schicht zu. Der Pleochroismus tritt deshalb bei dicken Kristallen intensiver in Erscheinung. Es gilt folgende Gesetzmäßigkeit.

Hat eine Kristallplatte die Dicke D_0, wird sie von einer Planwelle der Intensität I_0 getroffen und verringert die untere Hälfte der Platte die in ihrer Eintrittsfläche vorhandene Intensität I_0 z. B. auf die Hälfte, d.h. auf $I = I_0/2$, so verringert die obere Hälfte der Platte die in ihrer Eintrittsebene vorhandene Intensität $I_0/2$ wiederum auf die Hälfte, d.h. auf $I = (\frac{1}{2})(I_0/2) = I_0/4$. Eine unendlich dünne Schicht ds bewirkt eine Intensitätsabnahme $-dI$, die, auf die eingangs dieser Schicht vorliegende Intensität I bezogen, dem ds proportional ist. Der Proportionalitätsfaktor K_A hängt von den stofflichen Eigenschaften des Kristalls ab und heißt Absorptionskonstante. Man hat also:

$$-dI/I = K_A ds.$$

Durch Integration ergibt sich als für eine Platte endlicher Dicke gültige Beziehung:

$$-\int dI/I = K_A \int ds,$$
$$\ln I = -C - K_A s$$

mit C als Integrationskonstante. Durch Antilogarithmieren erhält man:

$$I = e^{-C} e^{-K_A s}.$$

Da $s = 0$ auf $e^{-K_A s} = 1$, $I = e^{-C}$ führt, bedeutet e^{-C} die Intensität I_0 der einfallenden Welle, und es ist:

$$I = I_0 e^{-K_A s}. \tag{10.14}$$

(10.14) heißt (*Bouguer-*)*Lambert*sches Absorptionsgesetz. (J. H. LAMBERT, franz. Physiker und Philosoph, * 1728 Mülhausen im Elsaß, † 1777 Berlin.) (Soll außer der Absorption noch die Streuung des Lichts berücksichtigt werden, spricht man von Extinktion. Die dann gültige Extinktionskonstante ist die Summe von Absorptions- und Streukonstante.)

Literatur

1. SOMMERFELD, A.: Vorlesungen über Theoretische Physik. Band IV: Optik. Leipzig: Akademische Verlagsgesellschaft Geest & Portig KG. (2. Aufl. v.) 1959.
2. POCKELS, F.: Lehrbuch der Kristalloptik. Leipzig und Berlin: Verlag von B. G. Teubner 1906.
3. LIEBISCH, T.: Physikalische Krystallographie. Leipzig: Verlag von Veit & Comp. 1891.
4. WÜLFING, E. A.: Untersuchungsmethoden. Band I, 1. Hälfte von [5].
5. ROSENBUSCH, H.: Mikroskopische Physiographie der Mineralien und Gesteine. Stuttgart: E. Schweizerbart'sche Verlagsbuchhandlung (Erwin Nägele) GmbH. (5. Aufl. v.) 1924. (Das Vorwort zur 1. Aufl. datiert von 1873.)
6. VOIGT, W.: Lehrbuch der Kristallphysik (mit Ausschluß der Kristalloptik). (Reproduktion des 1928 ... erschienenen Nachdrucks der ersten Auflage von 1910.) New York: Johnson Reprint Corporation; Stuttgart: B. G. Teubner Verlagsgesellschaft 1966.
7. BURRI, C.: Das Polarisationsmikroskop. Basel: Verlag Birkhäuser 1950.
8. BECKER, R.: Theorie der Elektrizität. 1. Band: Einführung in die Maxwellsche Theorie, Elektronentheorie, Relativitätstheorie. Stuttgart: B. G. Teubner Verlagsgesellschaft (16. Aufl. v.) 1957.
9. PÖSCHL, K.: Mathematische Methoden in der Hochfrequenztechnik. Berlin-Göttingen-Heidelberg: Springer-Verlag 1956.
10. BUCHWALD, E.: Einführung in die Kristalloptik. Berlin: Walter de Gruyter & Co. (4. Aufl. v.) 1952 (Sammlung Göschen, Band 619).
11. DÖRING, W.: Einführung in die Theoretische Physik. Band III: Optik. Berlin: Walter de Gruyter & Co. 1956 (Sammlung Göschen, Band 78).
12. QUINCKE, G.: Optische Experimental-Untersuchungen. X. Ueber Beugungserscheinungen, welche durch durchsichtige Lamellen hervorgebracht werden. (Poggendorfs) Annalen der Physik und Chemie (5. Reihe) **12**, 321–371 (1867).
13. BECKE, F.: Über die Bestimmbarkeit der Gesteinsgemengtheile, besonders der Plagioklase auf Grund ihres Lichtbrechungsvermögens. Sitzungsberichte der kaiserlichen Akademie der Wissenschaften in Wien, mathematisch-naturwissenschaftliche Classe **CII**, Abtheilung I, 358–376 (1893).
14. — Petrographische Studien am Tonalit der Rieserferner. Tschermak's Mineralogische und Petrographische Mittheilungen (Neue Folge) **13**, 379–464 (1891).
15. SALOMON, W.: Ueber die Berechnung des variablen Werthes der Lichtbrechung in beliebig orientirten Schnitten optisch einaxiger Mineralien von bekannter Licht- und Doppelbrechung. Zeitschrift für Krystallographie und Mineralogie **26**, 178–187 (1896).
16. WINCHELL, A. N.: Elements of Optical Mineralogy, Part I: Principles and Methods. New York: John Wiley & Sons, Inc. 1928.
17. HOTCHKISS, W. O.: An explanation of the phenomena seen in the Becke method of determining index of refraction. The American Geologist **36**, 305–308 (1905).
18. STROHMAIER, K.: Photometrische Untersuchung der Beugungs- und Abbildungsvorgänge an Phasenobjekten. Dissertation, Tübingen 1952.
19. GREBE, L.: Beugung. In: GEIGER, H., und K. SCHEEL: Handbuch der Physik, Band XX: Licht als Wellenbewegung, 35–66. Berlin: Verlag von Julius Springer 1928.
20. LÖSCH, F.: Tafeln höherer Funktionen. Stuttgart: B. G. Teubner Verlagsgesellschaft (7. Aufl. v.) 1966.
21. GAHM, J.: Einführende Demonstrationen mit modernen Polarisationsmikroskopen. ZEISS-Werkzeitschrift Nr. 44 v. 15. April 1962, 39–45.

22. — Die Interferenzfarbtafel nach Michel-Lévy. ZEISS-Werkzeitschrift Nr. 46 v. 15. Oktober 1962, 118–127.
23. BEREK, M.: Zur Messung der Doppelbrechung hauptsächlich mit Hilfe des Polarisationsmikroskops. Centralblatt für Mineralogie 1913, 388–396, 427–435 und 464–470.
24. — Berichtigung und Nachtrag zu meiner Mitteilung „Zur Messung der Doppelbrechung usw.". Centralblatt für Mineralogie 1913, 580–582.
25. MOSEBACH, R.: Das Messen optischer Gangunterschiede mit Drehkompensatoren. Heidelberger Beiträge zur Mineralogie und Petrographie **1**, 515–528 (1949).
26. — Eine Differenzmethode zur Erhöhung der Meßgenauigkeit und Erweiterung des Meßbereichs normaler Drehkompensatoren. Heidelberger Beiträge zur Mineralogie und Petrographie **2**, 167–171 (1949/51).
27. — Ein einfaches Verfahren zur Erhöhung der Meßgenauigkeit kleiner optischer Gangunterschiede. Heidelberger Beiträge zur Mineralogie und Petrographie **2**, 172–175 (1949/51).
28. RATH, R.: Fehler bei Gangunterschiedsmessungen mit Berek-Kompensatoren. Mikroskopie **12**, 327–345 (1958).
29. — Kompensatorkonstante oder nicht? Mikroskopie **14**, 75–85 (1959).
30. EHRINGHAUS, A.: Drehbare Kompensatoren aus Kombinationsplatten doppelbrechender Kristalle. Zeitschrift für Kristallographie **76**, 315–321 (1931).
31. — Ein Drehkompensator aus Quarz mit großem Meßbereich und hoher Meßgenauigkeit. Zeitschrift für Kristallographie **98**, 394–406 (1938).
32. RATH, R.: Deutung des Verlaufs der Eichkurven von *Ehringhaus*-(Quarz-)Kompensatoren. Abhandlungen der Braunschweigischen Wissenschaftlichen Gesellschaft **10**, 9–24 (1958).
33. SCHULTZ, J.: Typisierte Kompensatoren für polarisationsoptische Untersuchungen. Jenaer Rundschau **10**, 135–138 (1965).
34. SZIVESSY, G.: Kristalloptik. GEIGER, H., und K. SCHEEL: Handbuch der Physik. Band XX: Licht als Wellenbewegung. 635–904. Berlin: Verlag von Julius Springer 1928.
35. RATH, R., und D. POHL: Rechnerische Reproduktion von Interferenzfiguren bei optischer Aktivität. Demnächst.
36. WIENER, O.: Die Theorie des Mischkörpers für das Feld der stationären Strömung. Erste Abhandlung: Die Mittelwertsätze für Kraft, Polarisation und Energie. Abhandlungen der Mathematisch-Physikalischen Klasse der Königl. Sächsischen Gesellschaft der Wissenschaften **32**, 507–604 (1912).
37. STRATTON, J. A.: Electromagnetic Theory. New York: McGraw-Hill (1. Aufl. v.) 1941.
38. REYNOLDS, J. A., and J. M. HOUGH: Formulae for Dielectric Constant of Mixtures. The Proceedings of the Physical Society, Section B **70**, 769–775 (1957).
39. RATH, R.: Exakte Darstellung der isochromatischen Kurven. Neues Jahrbuch für Mineralogie, Abhandlungen **108**, 131–141 (1968).
40. — Die Hauptisogyren optisch zweiachsiger Kristalle beliebiger Schnittlage. Neues Jahrbuch für Mineralogie, Monatshefte 1968, 161–166.
41. — Einige spezielle Formen und Eigenschaften der Hauptisogyren. Optik **27**, 31–41 (1968).
42. KAMB, W. B.: Isogyres in Interference Figures. The American Mineralogist **43**, 1029–1067 (1958).
43. TERTSCH, H.: Zur Frage der „Skiodromen". *Tschermaks* mineralogische und petrographische Mitteilungen (Dritte Folge) **9**, 1–6 (1965).
44. RATH, R.: Parameterdarstellung des Hauptisogyrenverlaufs. Neues Jahrbuch für Mineralogie, Abhandlungen **109**, 259–261 (1968).
45. SCHOBER, H.: Das Sehen. II. Band. Leipzig: Fachbuchverlag GmbH (1. Aufl. v.) 1954.
46. JOOS, G.: Lehrbuch der Theoretischen Physik. Frankfurt am Main: Akademische Verlagsgesellschaft mbH. (10. Aufl. v.) 1959.
47. RATH, R., und D. POHL: Isotrope Kreuze. Neues Jahrbuch für Mineralogie, Abhandlungen **110**, 106–114 (1968).
48. — — Intensitätsverteilung in Interferenzbildern. Neues Jahrbuch für Mineralogie, Monatshefte 1969, 73–79.

49. — — Die Berechnung der Achsenbilder magnetischer Kristalle. Optik **29**, 223–225 (1969).
50. — — Einfluß eines Plättchens vom Rot I. Ordnung auf die Intensitätsverteilung in Interferenzbildern. Optik **29,** 226–235 (1969).
51. OCHS, J.: Optische Bezugsflächen und Polarisation bei absorbierenden triklinen Kristallen. Hannover: Dissertation 1964.

Sachverzeichnis

Absorption 125
Absorptionsgesetz 128
Absorptionskonstante 128
Achsen, optische 11, 15, 21
Achsenbild 87, 113
Addition der Gangunterschiede 122
Aktivität, optische 75
Amplitude 1
Analysator 54
Anisotropie, optische 7, 15
Ausbreitungs- (Phasen-) Geschwindigkeit 7
Auslöschung 37, 64
—, gerade, symmetrische und schiefe 64
Auslöschungsschiefe 64

Berek-Kompensator 69
Beugung, Fresnelsche 28
Beziehung, Maxwellsche 5
Bezugsflächen, optische 7
Bisektrix, spitze, stumpfe 11
Brechungszahl, relative und absolute 56

Cornu-Spiralen 31

Dämpfung 126
Dielektrizität, Tensor der relativen 3
Dielektrizitätskonstante, absolute, s. Influenzkonstante
Dispersion 21
Doppelbrechung 9, 69
—, Charakter der 20, 119
Drehung der Schwingungsebene 106
3-H-Regel 22
Dünnschliff V

Ehringhaus-Kompensator 72
Eigendoppelbrechung 85
Eigenschnittpunkte 100
Energie 80
Energiedichte 81
Energiegleichung 83
Entelektrisierung 86
Entelektrisierungsfaktor 86
Ersatzkörper 80
Extinktion 128
Extinktionskonstante 128

Feldstärke, elektrische, magnetische 3
Flächen, Bertinsche 88
Formdoppelbrechung 79, 84
Formel, Kirchhoffsche 27
Formeln, Fresnelsche 110
—, Neumannsche 11
Fortpflanzungsrichtung 1, 7, 15
Frequenz 2
Fundamentalsatz der Kristalloptik 15

Gangunterschied 57
Geschwindigkeitsellipsen, Beckesche 95
Gesetz von der Konstanz der Frequenz 55
Gesetz, Malussches 55
Gips 119
Gleichförmigkeitsfläche 80
Gleichungen, Maxwellsche 3
Gyrationsvektor 75

Hauptbrechungszahlen 5, 10
Hauptdoppelbrechungen 10
Hauptisogyren 87, 95
—, Wandern der 87, 97
Hauptschnitt 15

Sachverzeichnis

Indexfläche 9
Indexfläche optisch aktiver Kristalle 76
Indexflächengleichung 9
Indikatrix 15
Indikatrixgleichung 13
Induktion, magnetische 3
Induktionskonstante 3
Influenz 86
Influenzkonstante 3
Integrale, *Fresnel*sche 29
Intensität 54
— des Interferenzbildes 113
Intensitätsformel, *Fresnel*sche 68
Interferenz 36
Interferenzfarbe 61
Interferenzfarbentafel, *Michel-Lévy*sche 63
Interferenzfigur, konoskopische 87
Isochromaten 87, 88
Isogyren 87
Isotropie, optische 7, 21

Kombinationsplatte 72
Kompensator 69
—, elliptischer 74
Konstruktion, *Fresnel*sche 15
Kraft 80
Krausheit 80
Kreisfrequenz 2
Kreisschnittebenen 14
Kreuze, isotrope 111
Kugelwelle 6
Kurven, *Cassini*sche 88

Licht, konvergentes 87
Lichtgeschwindigkeit 4, 55
Linie, *Becke*sche 22
—, Wandern der *Becke*schen 34

Mischkörper 80

Näherung, *Kirchhoff*sche 25
Nicols, Kreuzung der 55

Ordnungen 62

Parallellicht 87
Periode 1
Permeabilität, absolute, s. Induktionskonstante
Phasendifferenz 55, 57
Phasenwinkel 2
Planwelle 5
Planwellen, Zusammensetzung von 36
Polarisation 80
—, elliptische 40
—, lineare 15, 40
—, zirkulare 53, 77
Polarisationsmikroskop 54
Polarisator 54
Prinzip, *Huygens*sches 25

Quarz 76

Richtungsabhängigkeit des Brechungsvermögens 7
— der Geschwindigkeit 7
Rot der I. Ordnung, Plättchen vom 62

Satz von *Gauss* 79
Schichtendoppelbrechung 86
Schrägdämpfung 126
Schwingung 1
Schwingungsrichtung 1, 7, 15
Sehvermögen 105
Skiodromen 96
Stäbchendoppelbrechung 86
Streukonstante 128
Subtraktion der Gangunterschiede 121

teinte sensible 62

Unterschiedsempfindlichkeit 105

(Strahl-) Vektor, *Poynting*scher 3, 54
Verschiebung, dielektrische 3

Welle 1
Wellengleichung, skalare 5
Wellenlänge 1
Wellenvektor 127
Winkel der optischen Achsen 11

Satz und Druck: Zechnersche Buchdruckerei, Speyer